秸秆能源化利用技术探索

李树峰　敬　然　赵浏洋　编著

湘潭大学出版社
XIANGTAN UNIVERSITY PRESS

PREFACE 前言

秸秆是农业生产的副产物，也是主要的生物质能源。生物质能是煤炭、石油和天然气之后的第四大能源。与煤炭、石油、天然气等能源相比，农作物秸秆具有分布广泛、可再生、来源丰富等特点；但由于其主要成分为纤维素、木质素等，使用除燃烧外的普通生物处理方法难以降解，因此无法提高利用率。所以，探索新方法，合理运用物理、化学、发酵等手段，实现秸秆资源的高效利用是当前的研究重点。

我国作为农业大国，拥有丰富的秸秆资源，因此，利用好它对我国农村发展具有重要意义。进行秸秆能源化利用，能够在很大程度上提高能源利用率，减少其他不可再生能源的使用和对环境的污染，对于应对能源短缺、控制秸秆焚烧、保护环境、减少碳排放等有重大意义。因此应加大对秸秆能源化基础性研究的支持力度，积极引进国外先进技术和经验，加强科技攻关，重点在农作物秸秆高能效低能耗转化、生物质热解生产、生物质发电、木质纤维素生产燃料乙醇、生物柴油等方面开展研究，尽快完善农业生物质资源化利用标准体系。秸秆生物质作为可再生能源中唯一可存储和运输的能源，有着极大的应用潜力，因此，在我国自然环境、社会环境和政策环境下，秸秆生物质的大规模开发利用必将成为未来的发展趋势。

近年来，关于秸秆能源化利用技术的研究呈井喷式发展，涌现出一大批科技成果。本书从秸秆的造物和特性入手，论述了秸秆能源化利用的基础，接着分析了秸秆的燃烧与发电技术，然后较系统地介绍了目前相对成熟、实用性较强的秸秆热解气化技术、秸秆液化技术、秸秆制沼气技术等能源化技术，旨在为基层农业技术人员及相关研究人员提供参考和借鉴，以推动农村秸秆的资源化利用。

在本书的撰写过程中，笔者参考并引用了部分文献资料，在此向所有被引用参考文献的作者们致以诚挚的谢意！可能由于笔者的疏漏，书中所列出的参考文献未必全面，在此，特向书中未能列出的作者们致以深深的歉意。限于笔者时间和水平，书中难免出现疏漏和不妥之处，敬请广大读者批评指正。

CONTENTS

目　录

第一章　秸秆造物与特性分析

第一节　秸秆的传统利用方式

秸秆资源的广泛应用是伴随着人类进入农耕社会出现的，大量的农业剩余物——秸秆并没有被随意丢弃，而是成为重要的生产和生活物资，为人们提供了丰富的秸秆利用经验。在探寻古代秸秆主要利用方式的同时，我们也打开了一幅生动的古代劳动人民生产生活的画卷。

古代社会对秸秆资源的利用方式包括直接利用、加工利用以及其他相关利用。其中，最常见的是将秸秆直接用作燃料、肥料和饲料。结合编织技术，秸秆是主要的编织、纺织原料。除此以外，秸秆还可以作为建筑材料、造纸材料、洗涤剂原料等。较少为人所知的是，秸秆还可以作为保温、防虫材料、洪水治理填料，甚至在医疗方面也有一定程度的应用

一、秸秆的定义

秸秆，农作物的茎秆，即在农业生产过程中，收获了小麦、玉米、稻谷等农作物以后，残留下来的不能食用的根、茎、叶等废弃物。秸秆是一种具有多用途的可再生生物资源，农作物光合作用的产物有一半以上存在于秸秆中。

广义上讲，秸秆不仅包括农业生产过程中的废弃物，还包括农产品加工过程中的副产品。前者有禾本科作物秸秆，包括大麦秸秆、燕麦秸秆、小麦秸秆、黑麦秸秆、稻草秸秆、高粱秸秆、玉米秸秆以及薯类藤蔓等；豆类茎秆，包括黄豆秸秆、蚕豆秸秆、豌豆秸秆、羽扇豆秸秆和花生藤蔓等；亚热带植物副产品，包括甘蔗渣、西沙尔麻渣、香蕉秆和叶等。后者包括玉米芯、各种麦类的糠麸、各种水稻的谷壳和米糠等。

（一）禾本科作物植株的结构

水稻、小麦、玉米、高粱等禾本科作物的植株由根、茎、叶、花和籽实等器官组成。

1. 茎

禾本科作物的茎呈圆筒状，茎中有髓或空腔。茎可分为若干节，节与节之间的部分叫节段，每节间的坚硬圆实部分称为（叶）节。节段的数目随种类或品种作物的不同而不

同，水稻和小麦的茎秆比较细软，地上部分有 5~6 节，节间中空，曲折度大，有弹性。玉米、高粱和甘蔗的茎为实心，茎高大，地上部分的节数有 17~18 节，节间粗、坚硬、不易折断。玉米植株顶端有雄穗，植株中间有雌穗，穗外有苞叶，苞叶包着生在轴蕊上的籽粒。

禾本科作物茎的节间横切面上有三种系统：表皮系统、基本系统和维管系统。禾本科作物表皮只有初生结构，一般为一层细胞，通常角质化或硅质化，以防止水分过度蒸发和病菌侵入，并对内部其他组织起保护作用。各种器官中数量最多的组织是薄壁组织，也叫基本组织，它是进行光合作用、呼吸作用，以及养分贮藏、分化等主要生命活动的场所，是作物组成的基础。维管束都埋藏贯穿在薄壁组织内。在韧皮部、木质部等复合组织中，薄壁组织起着联系作用。

在维管系统中，除薄壁组织外，主要有木质部和韧皮部，二者相互结合。禾本科作物维管束中木质部、韧皮部的排列多属于外韧维管束。小麦、大麦、水稻、黑麦、燕麦茎中维管束排成 2 圈，较小的一圈靠近外围，较大的一圈插入茎中。玉米、高粱、甘蔗茎中的维管束则分散于整个横切面中。木质部的功能是把茎部吸收的水和无机盐，经茎输送到叶和植株的其他部分。韧皮部则把叶中合成的有机物质（如碳水化合物和氮化物）输送到植株的其他部分。

玉米茎表皮下有机械组织，由厚壁组织与厚角组织组成。这些组织能支持植株本身的重量并能防止风雨侵袭。厚壁组织含有石细胞和纤维一类的细胞。

2. 叶

禾本科作物的叶分为叶鞘和叶片两部分。叶鞘包在茎的四周，有支持茎和保护茎的作用。叶鞘基部与茎相接处叫叶枕。禾本科作物的叶上有的有叶耳、叶舌，有的则没有。例如，高粱有叶舌而无叶耳，小麦的叶耳小且有茸耳，大麦的叶耳大，黑麦的叶耳不明显，燕麦无叶耳，水稻有叶舌、叶耳，稗草则无叶舌、叶耳。

叶是进行光合作用的主要器官。叶的组织与茎的组织相同，分为表皮系统、基本系统和维管系统。表皮在叶的最外层，维管组织则分布在基本组织之中。

叶的表皮结构比较复杂，有泡状细胞（运动细胞）、附属毛、似纤维的细胞。表皮细胞有长细胞、短细胞。短细胞又分为硅质细胞、栓质细胞，前者充满硅质体，后者细胞壁木栓化。表皮上下面还有气孔。表皮可以保护叶肉组织，防止水分蒸散，对叶起机械支持的作用。表皮细胞质有硅质，细胞外壁有角质层，这是禾本科作物的特点。

叶肉是由表皮下团块状的薄壁组织细胞组成的。叶肉组织中含有大量叶绿体，因此，这些起同化作用的器官呈绿色。进行光合作用时，叶绿体内可起到聚集淀粉的作用。

叶脉是维管束。禾本科作物都为平行脉，叶片中纵行的平行脉之间还有横行的小维管束将平行脉连接起来。禾本科作物的叶脉有维管束鞘。维管束鞘分为两种：一种为薄壁型，含有叶绿体；另一种壁较厚，无叶绿体。小麦有内外两层维管束鞘。玉米、高粱维管束鞘中的叶绿体特别大，在进行光合作用时，叶内可形成较多的淀粉。

（二）秸秆的组成成分

秸秆主要由纤维素、半纤维素和木质素三部分组成。纤维素的化学组成十分简单，是由β-D-葡萄糖通过β-1，4-苷键连接而成的线型结晶高聚物，聚合度很大（通常由4000~8000个葡萄糖分子串联起来，分子量达200~2000）。葡萄糖的β-1，4-苷键连接方式使纤维素几乎所有的羟基及其他含氧基团，都同其分子内或相邻分子上的含氧基团之间形成分子内和分子链之间的氢键。这些氢键使很多纤维素分子共同组成结晶结构，进而组成复杂的基元纤维、微纤维、结晶区和无定型区等纤维素聚合物的超分子结构。纤维素的特殊结构使纤维素酶分子很难靠近纤维素分子内部的糖苷键，进行有效反应。

半纤维素在结构和组成上变化很大，一般由较短（聚合度小于200）、高度分枝的杂多糖链组成。常见的有木聚糖、阿拉伯-木聚糖、葡萄-甘露聚糖、半乳-葡萄-甘露聚糖等，多通过β-1，4-糖苷键连接，含有五碳糖（通常是D-木糖和L-阿拉伯糖）、六碳糖（D-半乳糖、D-葡萄糖和D-甘露糖）和糖醛酸。各种植物纤维原料的半纤维素链上连接着数量不等的甲酰基和乙酰基，其分支结构使半纤维素无定型化，比较容易被水解为糖类。

木质素是以苯丙基为基本结构单元连接而成的高分枝多分散性高聚物，非常难以降解。纤维素是细胞壁的主要成分。纤维素周围充填着的半纤维素和木质素，阻碍了纤维素酶同纤维素分子的直接接触。

二、直接利用

（一）燃料

古人常常使用麦秆作为煮饭的燃料，在我国的《黄氏日抄》中就有用麦秆代替柴薪的记载。不过，黍麦等秸秆的燃烧值不是很高。更常见的做法是，用秸秆作为引火和助燃的材料，将火种引向木柴，从而加快木柴点燃的速度。

（二）饲料

在古代社会，秸秆对农业的贡献主要体现在作为饲料和肥料方面，其中作为饲料在农家较为常见。豆科类秸秆由于营养较为丰富，并具有较好的口感，常被古人用来喂养马、牛、羊等家畜。随着古代畜牧业的发展，古人对饲料的需求也逐渐增大。根据不同的地域、地貌特征，各地的畜牧业采取不同的畜养方式。比如，北方草原地貌地带，多采用放牧式，其食物来源便是草原上的青草；在农耕相对发达的南方地区，牲畜的养殖方式通常是圈养，其饲料通常就是秸秆以及其他作物的混合物。“兵马未动，粮草先行。”古代战争中最为重要的就是保证粮草的充足，粮草指的就是士兵的粮食和马等牲畜的饲料，这里的“饲料”也多指秸秆。

三、加工利用

（一）肥料

肥料主要包括草木灰、绿肥、厩肥、堆沤肥四种。草木灰是农作物秸秆燃烧后留下的灰烬，不同作物的草木灰富含不同种类的微量元素，增产效果显著。草木灰具有增产作用是因为其含有丰富的钾元素等，能够促进种子发芽，促进作物茎秆健壮，增强作物抗旱耐高温的能力。古籍中曾记载了收割秸秆后，将秸秆烧成灰放在田间，第二年春天用于种植的事例。这就是所谓的火耕，这种做法的好处，一方面用草木灰肥田，使庄稼长势更好；另一方面，草木灰具有杀虫功效，能够防止庄稼发生病虫害。

绿肥也是古人常用的一种肥料，它是用植物的部分或者整体来充当。常用的植物是豆类的秸秆。利用方式有三种：第一种是直接将新鲜的秸秆掩埋在田土里；第二种是将秸秆割下来集中堆放，然后用淤泥将外部整个封闭起来，使秸秆在内部沤成肥料；第三种是将收割下来的秸秆放进专门的水池或者浅水塘里，通过沤制的方式发酵成肥料，施放到田里。绿肥多用在轮作种植中。因其富含氮、磷、钾等多种成分，能够增加土壤的营养，促进植物的生长，并且有利于土壤的有机物生成。《天工开物》中有记载水稻在收割籽实后，稻秸可以翻耕在田里，使其腐烂成为绿肥，从而提高土地肥力。

将家畜粪便和秸秆等各类植物的枝叶混合堆积，从而使其发酵成肥，这种肥料叫作厩肥。这是古人使用的主要肥料，其肥力强，能够有效地提高种植物的产量，同时，能够改善土壤的结构。其制作之法在《齐民要术》中有详细的记载，秋收后的庄稼秸秆收储起来，每天放一些到牛圈里，铺在牛的脚下，让牛踩踏。第二天将这些被踩踏过的秸秆收集起来堆到院中，这些秸秆混入了牛的粪便。每天重复进行，能够得到许多肥料。到了夏月就可以施放到农田里。

还有一种制作肥料的方式，叫作堆沤肥，就是将秸秆及杂草等物和人畜粪便、泥土等混合堆积发酵，或者放入浅水池中进行发酵成肥。《陈敷农书》中就对这种肥料制作方法有详细的记载。其中明确地指出沤肥是几种杂物堆积发酵制成的肥料，不但含有多种植物的枝叶，还有粮食糠秕以及生活垃圾等。

（二）编织原料

随着古代社会手工业的发展，农田里随处可见的秸秆也成为重要的手工业原料，制造出了各种生产工具和生活用具。其中最典型的是编织工艺，编织而成的秸秆用具具有精美的纹理和天然的色泽，并且坚固耐用和美观。古代主要的秸秆编织用具包括斗笠、蓑衣、草鞋、草绳、垫子、席子、筐子、篮子等。除了一些日常用具之外，礼器也成为比较独特的一个用途。秸服、筵席是祭祀礼仪中最常见的用具。《后汉书》中有记载：“以木为重，高九尺，广容八历，里以苇席。”“筵席”一词也演变为“宴席”，在当今社会仍然承载着充满仪式感的就餐场合之意。而“席地而坐”也作为成语传承下来，让我们有机会一窥古代人们的日常生活方式。

（三）纺织原料

秸秆中可以用来纺织的主要是麻类，利用麻纤维织布。麻布是棉布普及前人们最主要的衣着原料。先秦时代，中原地区是大麻和苎麻的主要种植区。《诗经·陈风》中有记载：“东门之池，可以沤麻。”

（四）建筑材料

秸秆充当建筑材料，主要是用于屋顶和墙壁。原始的建筑形式，如简单的草棚子，先使用树枝等木材制成草棚子的骨干以及柱状的支撑，再覆盖层层秸秆，捆扎固定后即成为先民们用于遮风挡雨的草棚，这种多为“半地穴式”草棚房。随着建筑技术的发展，泥草房因为具有更好的防火性和耐用性而成为当时建筑中的主流。泥草房的墙体是采用秸秆混合胶泥做成的土坯，屋顶是采用秸秆铺排再压上碾压后的泥制成。古代贫民之家多居住此类房屋，也常用作牲畜的圈舍。在长期的发展过程中，不同地域和文化也催生了不同形式的泥草房屋，风格独特。

（五）造纸原料

西汉时期造纸术的主要产品是麻纸。到了东汉时期，宦官蔡伦尝试用多种材料进行造纸实验，并对以往的造纸工艺进行大量的改进，最后，他使用树皮、麻纤维、破布等原料，成功制造出了高质量的纸张。这成为我国乃至世界史上的一项重大发明。宋元时期，随着社会经济及手工业技术的发展，造纸原料开始使用竹子和稻麦秸等。由于中国古代水稻产量位列世界之首，所以，稻草的产出量极高，获取十分容易。同时，与树皮、麻和竹子等造纸原料相比，使用稻草造纸工艺更简单，工序更少，成本也更低。但是稻麦秸的纤维比较短，制造出的纸张强度不高，不过因其成本低廉，所以多用作包装纸、卫生纸及烧纸。此外，造纸技术中的脱浆步骤需要在有碱性物质的条件下进行，如石灰水、草木灰水等。而秸秆燃烧后的草木灰水的碱性更强，有利于提高纸浆的质量。

（六）洗涤剂原料

除了淘米水、皂角，草木灰也是古代常见的洗涤剂，并且因为其就地取材和成本低廉的特点而最为普及。草木灰中含有丰富的碳酸钾和碳酸钠，这两种物质属于碱性，和酸性的油脂会发生化学反应，因此能够去除油垢。《礼记》中记载：“冠带垢，和灰请漱；衣裳垢，和灰请浣。”这里的“灰”就是草木灰。

四、其他利用方式

（一）保鲜、保温、干燥防虫材料

古代的保鲜技术主要利用了隔空和冷藏原理，由于秸秆质地柔软，具有较强的吸水性能，因此，常常被古人用作包裹材料，以保持物品的干燥，使其不易变质。在酿造酒和酱料的过程中，温度是一个重要的因素，而秸秆可以作为保温材料。在天气寒冷的时候，可以用秸秆对农作物进行覆盖保温。另外，秸秆具有吸湿作用，可以有效吸收空气中的水分，同时保持良好的通风透气性能，有效防虫害，也可以作为贮藏粮食、养蚕的重要干燥剂。

（二）发酵辅料

大酱是朝鲜族人民生活中必不可少的食品，稻草对其酿制有着重要的作用。制作大酱的工序较为复杂，其中最重要的一个环节是发酵。将处理过的黄豆捣碎，捏成豆饼的形状，用稻草制成的草绳将其捆扎悬挂风干，或者将豆饼置于纸箱内，以一层稻草一层豆饼的方式放置进行发酵。据称，稻草中的霉菌等有利于豆饼的发酵，酿造出了朝鲜族独特的大酱风味。

（三）洪水治理填料

古代的水利事业与百姓的耕种息息相关，是关系到江山社稷的大事。而治理水患的关键在于治河物料。我国古代常常采用树枝、秫秸等植物卷扎着石块作为修筑护河堤的材料，称为“埽”。它是中国特有的护岸和堵口的水工构件，具有柔软、富有弹性的特点。和坚硬的石块相比，它能够较好地消解水流的冲击力量，达到有效降低水流速度的功效，防止水土流失。但用秸秆制埽也有其局限性，其沉陷量比较大，易腐朽，使用寿命通常不超过两年。

（四）医用材料

对于秸秆和燃烧秸秆产生的草木灰的医用价值，史料有丰富的记载。总体来说，秸秆与草木灰具有利尿止渴的功效，医学上常用来治疗恶疮、止血止痛、驱虫等，也具有美容保健的功效。

黄麻秸秆和赤小豆一起煮水服用能够利尿，这在《本草纲目》中有记载。关于秸秆止渴的功效，《苏沈良方》中有用糯稻秆的中心段放在净器中烧作灰，煮汤喝下能够消炎止渴的记载。草木灰具有较好的消炎作用，因此，古人常用来治疗恶疮，往往能获得较好的疗效。此功效在《本草纲目》中也有记载。此外，根据《名医类案》的案例记载，草木灰还能有效止血。草木灰的吸湿、防潮作用，在驱虫、解毒方面也有独特功效。草木灰自身有着天然的独特气味，是许多小昆虫不喜欢的味道。有虫子入耳时，“香油稻秆灰汁，灌耳，可出”。秸秆在治疗跌打损伤方面也有一定的功效。《本草经集注》中记载，麻根捣汁服用能够治疗难产及由难产引起的大出血。关于秸秆的解毒功效，《圣济总录纂要》中记载得非常详细：用羊血、鸡血混合稻秆灰，加冷水服下“毒即下”。这里说的“毒”，指的是砒霜之毒。

秸秆的美容保健作用主要体现在对面部黑斑黑痣的改善上。在《本草纲目》中，有这样的记载："荞麦秸烧灰淋汁，取碱熬干，同锻石等分，蜜收。能……去靥痣，最良。"这就是荞麦秸烧灰祛痣的方法。

第二节　秸秆的传统造物类型

农耕文化的起源有男耕女织之说。在原始时代，人类主要以采集天然材料作为食物和生活材料。其中，具有线性茎秆的植物因韧性较强，常被人类作为制作各类用具的材料。考古资料显示，人类在原始社会就能够利用天然植物，采用扭、编等手法编织生活用具。

从周代开始，农耕文化发展加快，大量的秸秆制品开始出现。汉代，经济的繁荣又促使农耕文化进一步发展，秸秆制品的发展也进入新的阶段。这主要体现在两个方面：一是编织物品的种类急剧增加，从之前的草鞋、箩筐等生活必需品，发展到提高生活舒适度的物品，如草帘、蒲团等；二是做工更加细致，不仅能提升使用的舒适度，还能带给人们美的享受。唐朝时期的草编制品已经走出了日用品的范围，拓展到更多的领域。唐朝著名的草编制品有麦秆扇、草席等，甚至出现了以蒲草制作的船帆。到了宋朝，政府十分重视草编工艺，成立了专门的管理机构，用于指导和管理国家的草编工作。

编织，又称编结，是将麦秸或者柔韧性较高的植物枝叶经过一定的手工技巧加工成各类用品。这些用品有的是生活用具，有的是装饰品。在加工的过程中，制作者根据审美理念，对作品进行外部形态结构的安排，使其具备较好的实用性或者较高的美感。使用席草、麦草、苇草、茅草、蒲草、玉米皮为原料的编织工艺为狭义的草编，而广义的草编还包括使用棕条、藤条、柳条、竹篾为原料的编织。本书中所涉及的草编主要是狭义上的概念，但也包含部分以藤条、柳条、竹篾编织的器具。

在各类草编制品中，使用最多的材料为麦秸、玉米皮和蒲草。草编作品蕴含着高度的审美理念，体现了广大劳动人民的智慧，是我国民间艺术宝贵的财富。

作为一种广为流行的民间传统手工艺，编织者多为专业的民间手工艺人，也有少量的非专业工艺者。在原料上，呈现出明显的地域性特点，即制作者都是选择当地盛产的天然植物，原材料容易获取，降低了产品的成本。在编织工艺上，有的是直接使用植物的天然形态和颜色，也有的根据物品的外形需要，对原材料进行染色及印刷纹样等处理，然后进行编织加工，获得更好的装饰效果。

传统的草编制品生产工序均由手工完成，主要包含以下七个步骤：

第一步，选料。有很多原材料可供草编产品使用，但制作者要根据编织物品的特点选择材料，主要关注材料的质地、颜色以及柔韧性等。

第二步，上色。根据物品的预先设计，在材料表面进行染色处理。例如，用手工涂抹颜料，然后放置在阳光下晾晒。

第三步，浸泡。为了便于编织，就要提升材料的柔软度，通过采取将上述晒干的材料浸泡在水中的方式进行处理。不同品种的材料，浸泡的时间也有较大的差异。

第四步，编织。编织者要根据设计好的形状和尺寸进行编织。在编织工序中，往往会给编织者提供样品模具，以保障产品的规范性。

第五步，熏蒸。将编织好的半成品放置在熏蒸室，设定好熏蒸时间。

第六步，晾晒。将熏蒸处理过的产品放置在阳光下晾晒，一是可去除里面的水分；二是具有定型的作用。

第七步，刷漆。在晾晒干的产品表面涂刷清漆，一是能够固定色彩，保持鲜艳；二是能够增加产品表面的亮度。

编织工艺品包括实用型和欣赏型两大类。本书从秸秆材料在古代社会中与人们的衣、食、用、住四个方面联系的程度，分析其传统造物的方式。

一、秸秆与“衣”文化

(一) 蓑衣、斗笠

人类从原始时期就开始利用天然植物不同部分的结构进行生活用品的制作。我国的《易经》中就记载了手工业者用韧性较好的植物的皮编织成网状物，然后将石块放入其中，抛击野兽以获取猎物的故事。此外，我国也发现不少考古文献，记载了古人用草、藤等物制作“裙片”，即御寒的衣服。《诗·小雅·无羊》中“何蓑何笠”提到了用草编织的衣帽。蓑衣作为民间防雨雪的工具已有悠久的历史，是现代雨衣、雨伞等防雨用具的前身。蓑衣的编织材料通常是棕树棕皮，但在朝鲜族，编制蓑衣的材料通常是稻草。

进入周代，我国农耕文化得到进一步的发展，体系初具雏形。草编工艺作为农耕文化的一个重要内容，也进入了快速发展的时期。东周是我国土地制度改革的一个重要时期，井田制的出现打破了土地私有制度，促进了生产力的发展，农耕文化呈现出一片繁荣的景象。草编种类更加多样化，作品的使用范围得到了进一步的拓展，人们生活中一个重要的用具——斗笠出现了。其编制材料就是苎麻和蒲草。斗笠与蓑衣在多雨的江南非常常见，在很多描写烟雨江南的优美诗词中都出现了它们的身影，如“青箬笠，绿蓑衣，斜风细雨不须归”，因此，在某种程度上，蓑衣与斗笠已经成为一种田园牧歌的优美意境中的文化符号。

(二) 草帽

草帽历史悠久，春秋战国时期，已经有用苎麻和蒲草等编制的草斗笠（草帽）。通常，草帽使用的编织材料多为麦秸、水草、竹篾等。为了更好地遮挡烈日、雨雪或者野外蚊虫，人们将草帽的帽檐制作得很宽大。草帽取材多样，工艺精巧，造型美观，具有很高的审美价值。麦秸、麦草等材料容易获取，而且成本很低，经过编织加工后，能够带来较好的经济效益。因此，草编工艺能够长久流传，并且随着社会的发展而得到进一步的发展。

著名的北宋古画《清明上河图》也佐证了这一点：画中的人物大多头戴草帽，表明草帽在当时使用普遍。如果说在明朝之前，草编作为一种民间古老工艺还没有风格上的明显变化，那么在明后期出现的宫廷风格的草编制品便打破了这种局面。草编制品风格被分成了宫廷和民间两种，并一直延续到清朝。当时的草帽采用麦秆编织成辫子的形状，在实用功能上增添了审美情趣，受到了人们的广泛喜爱并流传到西方国家。

（三）草鞋

草鞋是与秸秆有关的衣文化中较重要、典型的物品。根据史料的记载，草鞋在我国有文字记载的时期就出现了，是我国古代劳动人民的一项重要发明。在人类的历史长河中，鞋由最初的毛皮、树叶包裹脚而发展到草编、麻织成鞋，它最早的名字叫“屝”，相传为黄帝的臣子不则所发明。夏朝开始出现草鞋，在东周时期成为贵族的用品。随着经济的发展，在东汉草鞋进入民间，成为大众生活用品。草鞋成了社会阶层身份的象征，代表着普通百姓。传统草鞋编织是早期妇女人人皆会的手艺，是乡土文化中孕育而生的编织生活工艺。

（四）篮包

作为服饰配件，篮包类物品也属于“衣”文化的范畴。篮包编织采用不同质地的材料，加上不同的编织方法，能够形成不同风格的篮包物品。篮包类物品的风格发展也经过了诸多的变化，在当代，随着人们对自然朴素理念的追求，篮包的设计理念也逐渐体现出自然和谐的价值观。如采用原色的玉米皮、秸秆等材料做成的草编包，带给人们自然、洁净的审美情趣。因此，这种富含古朴美的物品获得了现代人的青睐。

（五）麻布及其制品

除了编织，在服装面料方面，纺织工艺对古代“衣”文化的影响更大。前文提及，麻类秸秆可作为纺织原料，由此生产的麻布曾经是古代劳动人民的主要服装布料。麻布具有透气清爽、耐磨耐用、抑菌抗腐等特点，并且价格便宜，非常适合广大劳动人民。直至今日，虽然服装面料已经非常丰富，但在炎热的夏季，人们还是愿意选择这种凉爽材质制成的服装，充分体现了麻布在“衣”文化方面的优越性。

二、秸秆与“食”文化

民以食为天，农耕文明产生了很多与食物有关的器具。人们用稻草、麦秆等容易获取的材料编制各种篮、盒、箱、篓、筛、盖等，用来贮藏、晾晒、搬运、包装食品，不仅美观、整齐、实用，而且具有柔韧通透性，存放食物既不易破损，还可保鲜。在与秸秆有关的食具方面，我们可以将其分为炊具类、食品加工类、容器类、茶具类。

（一）炊具类

在炊具方面，秸秆材料可以制成锅盖、笼屉等。用秸秆制成的锅盖常用于蒸馒头、做饭。蒸馒头开锅以后有水蒸气，秸秆可以有效吸附水分，避免水蒸气滴落至馒头上，因此，用秸秆盖子比用铝盖子、不锈钢盖子更环保实用。

笼屉是用来蒸制食物的器具，多由竹片制成。笼屉的模块化设计是一大特点，利用上下叠放的方式，可以大大扩展蒸煮食物的空间，提高了蒸煮效率。

（二）食品加工类

箩筛是用来分离不同大小的颗粒物的用具。在农业生产中，收割后的农作物果实经常会混入杂质，使用筛子可将杂质分离，或者按照颗粒大小区分谷物。箩筛通常是扁平圆形，周围微微上翘以阻止颗粒在筛动过程中从边缘掉落。箩筛的网眼尺寸有大有小，用于不同尺寸的颗粒分离。与箩筛类似，匾也呈扁平圆形，但没有镂空的网眼，主要用于晾晒食材，也有用于养蚕的。

（三）容器类

容器类的秸秆食具是主要用来盛放食物的用具，虽然可以起到一定的搬运作用，但主要还是在饮食过程中使用到的器具，包括篮、筐等。篮子通常设置提手，方便手提，其形状也偏向圆形和椭圆；而筐子一般没有提手并呈现方正的形状，并且可以配有盖子。由于篮、筐能够盛物但不能够盛水，利用篮、筐能够沥水的功能，经常被用于洗菜、洗米，是人们日常生活中必不可少的用具。

（四）茶具类

在与秸秆有关的食具中，有一个类别较为特别，因为它是专为品茶而生的一个器物类型，即茶具。这里所称的茶具并非狭义上的茶杯和茶壶，而是广义上的与饮茶有关的所有用具。众所周知，茶杯与茶壶的质地主要为陶瓷，现代的茶杯茶壶也有用玻璃材料制成的，似乎难以与秸秆编制品相联系。实际上，茶道中涉及相当数量的竹编、草编制品，如“茶道六君子”（茶则、茶针、茶漏、茶夹、茶匙、茶筒）中的茶则、茶漏、茶茼基本上须采用编织工艺制作，而其他几件也是用竹子制成。

除此之外，秸秆饮食器具还有草编锅垫、盖菜竹罩等。

三、秸秆与“用”文化

日常生活中常见的物品统称生活用品，是人类“用”文化重要的承载物件。在秸秆制品中主要是以麦秸、玉米皮、稻草等为主要原料生产的具有晾晒、储藏、覆盖、隔热、运输等用途的用具，如篓、筐、盒、盘、箱、茶垫、坐垫、箸笼、饭包、菜筛、锅盖、扇子、花盆套、纸篓、信插、茶杯套、草玩具等。由于本书已经将与饮食相关的用品和室内家居用品两类单独列出，因此，此处的“用”文化含义较为狭小，仅包含在生产过程中使用的器具。

（一）草绳

在农耕社会里，草绳的用途极为重要，使用范围也很广，可以说，人们的生产和生活都离不开草绳。草绳是包装、储藏、搬运的辅助用具，采用草绳对物品进行捆绑加固，使之能够顺利地进行运送。同时，牵拉东西也需要草绳。但草绳存在着强度不足的缺陷，因此，随着更多新型材料的出现，草绳逐渐退出了人们的生活，取而代之的是麻绳、尼龙绳等。但草绳的象征意义与影响仍然存在于人们的日常生活、民俗礼仪和思想观念中。

结绳记事是文字发明之前的一种记事方法。据《九家易》记载："古者无文字，其为约誓之事，事大大其绳，事小小其绳，结之多少随物众寡，各执以相考，亦足以相治也。"除了记事用途，绳子还构成了史前重要的装饰，即绳纹图案。这是将绳子缠绕至棍子上，在陶土坯上拍打形成的一种几何图案。在龙山和良渚文化中的陶器就已经发现了这种纹饰。

草绳在一些民俗文化中有着重要的象征意义。例如，绳结有吉祥之意，"同心结"代表了"永结同心"之意，象征幸福美满的婚姻；朝鲜族在家门口悬挂禁绳表示家中有孕妇即将生产；中国的"守岁绳"和日本"注连绳"有类似的功能，均被认为具有驱邪之意，悬挂可保家宅平安。

（二）草苫

草苫是茅草编织而成的覆盖物或者垫子。草苫呈毯状，由于秸秆具有很好的保温效果，经常用于覆盖农田或捆裹树木进行保温防冻，帮助植物抵御低温天气。此外，雨雪天气时，草苫还可以铺设于路面，起到防滑的作用。

（三）搬运用具

箩筐和扁担是古代社会中人们用于搬运物品的用具。相比于篮包，箩筐能搬运更多的东西，而且两个箩筐与一条扁担搭配，不仅可以平衡两端的重量，还可以将搬运的东西增加一倍。而相比于车马，箩筐和扁担较为便捷灵活。因此，在古代农耕文明中，它们的使用非常频繁。

背篓是设有肩带的篓子，用双肩背的方式来运输物品。这种器具的好处是——双手得到解放，在搬运物品的同时，还可以用双手干其他事情，比如在爬山过程中双手可以用于攀爬。此外，用双肩来分担重量，也能均衡人体负担，在负重行走时，通常可以更好地保存体力。背架的功能与背篓类似，但一般是采用木质材料制作架子，将需要搬运的物品用绳子绑扎在上面。朝鲜族的背架使用秸秆来编织背部的缓冲部分和肩带。

（四）贮存用具

谷仓是古代用于贮存粮食的地方，按照其尺寸来看也可算作小型建筑。谷仓的壁身通常由竹篾编制而成，为了防雨，可配置茅草屋顶。从其造型来看，谷仓实际上借鉴了传统茅草房的特征，是缩小版的传统建筑。谷仓承载着农民们丰收的果实，是最实际的用具。

竹壶是小型的贮存器具，是由稻草或竹条编织而成的窄口容器，通常用于存放花椒、大料等物料。不同于谷物，这些烹饪辅料通常需要上山采集，因此，需要便携设备来装载。同时由于其体积较小，广口容器容易洒出，因此，这种器具才会有如此造型，充分体现了古人的智慧和对功能与使用的思考。其他的贮藏用具还有竹缸、麻袋、草袋等。

（五）渔具

鱼篓一般是由竹篾编制，开口小于底部的一种用于盛放鱼的容器。在捕鱼过程中，鱼篓一般被放置在水中，固定于船边或岸边，这样可以延长鱼的存活时间，保持新鲜度。捕鱼结束后，渔民可将其挎在腰间，便于搬运。为了方便携带，鱼篓的下部通常为扁平的形状。

（六）饲养用具

在农耕社会，除了种植谷物外，农民还需要养殖一些家畜，如牛、狗、兔等。饲养家畜时，很多地方需要用到秸秆，如牛棚、狗窝、兔笼等。在一些地区的传统养殖中，为了给家畜更加细致的照顾，还会用稻草编织牛鞋、牛背刷等。

四、秸秆与“住”文化

生存的需求是秸秆制品出现的根本原因，即生存需求促进了草编制品的诞生。因此，实用性是草编制品的首要功能。这充分体现在秸秆造物的种类上，主要为生活用品，之后逐渐扩展到家居装饰方面。这些物品的存在，方便了人们的生活，提升了生活的舒适度。同时，这些物品以其自然的风格设计，体现出人与自然的和谐之态，表达了人们对于生活的理解和憧憬。常用的实用型秸秆家具用品主要有以下几类：

（一）家具类

家具是供人们休息时使用的家居用品，常见的如沙发、桌、椅、席、坐垫等。这些用品从外表上看，造型简单，多为方正形态。制作工艺一般是先按照设计尺寸做好木框架，然后用草编材料进行外表的编织。也有部分家具内部采用的是铁艺材料。这类家居用品使用频率高，在家居用品中占据着重要的地位，具有轻便、易清洁的优点。同时，它们还能够营造自然、朴素的家庭氛围，带给人清凉感，深受人们的喜爱，成为大多家庭普遍使用的生活用具。

在坐具普及之前，人们通常是“席地而坐”，因此，席也是重要的家具之一。席对中华文明的影响很大，在汉语中至今仍有不少与“席”有关的词语，如出席、列席、筵席、席位、主席等。在较高的家具出现以后，席因为凉爽透气的特性，仍然受到人们的喜爱，在夏天铺设于床榻之上。按照材质，席大致可分为草编和竹编两种，草编席使用的是蔺草、蒲草、马兰草等。日本也是深受草席文化影响的国家，和式风格的房间内地面通常都铺设有榻榻米。榻榻米一般是以稻草、无纺布或木质纤维板为芯，表面包裹草席的一种建筑材料。榻榻米硬度适中，冬暖夏凉，非常适合室内使用，有利于人们的身体健康。此外，与凉席、榻榻米相匹配的坐具还有蒲团、靠背椅等。

（二）收纳类

供人们收纳物品的器具，常见的如果篮、箩筐、纸篓等。其中，草编收纳盒非常实用。由于秸秆有很强的吸水特性，草编收纳篮筐可以起到很好的防潮干燥作用。并且，草编纹理充满了自然之感，与纺织品非常匹配。因此，直至今日，草编收纳篮筐仍然受到人们的欢迎，是家居生活中非常实用的器具。

（三）其他

利用秸秆或藤、竹编织而成的生活用品种类非常丰富，除了家具、收纳物品外，还包括帘子、扇子、簸箕、扫帚、灯罩等，涉及日常生活的方方面面。

除了这些以实用为主的用品外，利用秸秆编织还可以制作出一些优美工艺品或玩具，用来装饰、美化家居环境。草编玩具的主要功能是娱乐，其中蕴含着较深的文化内涵。物品的题材多为人们生活当中常见的事物，如虫鸟、花卉等，民间娱乐气息非常浓厚。同时，这些物品经过制作者的艺术再加工，可以展示出制作者自身的审美趣味。

（四）建筑

古代与秸秆有关的“住”文化中最重要的应该是民居建筑。编筑是使用编织技术建造房屋的一项工艺，其起源时间可以追溯到旧石器时代。最著名的例子就是我国古代神话传说中的有巢氏，他教会人们用树枝加上藤蔓植物进行编筑，从而建起了最原始的房屋。后来逐渐演变成干栏式建筑，这类形态的建筑在我国的西南地区较普及，目前还有相当数量的存在。用这种方式建筑的房屋，以泥土拌和草料筑成围墙，以草藤编结房屋的内部结构，尽管外表非常简陋，但有诸多的优点，如取材容易、建造成本低等。

随着时代的发展，衍生出各种基于秸秆材料的建筑形态。秸秆富含韧性纤维，其含硅的蜡质细胞膜也具有一定的防水性，除了常被古人作为泥土中的添加材料外，本身也可以单独使用。古人常将秸秆作为墙体围护或屋顶、地面的材料，也将秸秆与其他材料进行不同比例混合来增加材料的特性，从而演化出世界各地形式多样、各具特色的建筑形式。

茅草屋是农耕文化中最具代表性的一种应用秸秆生成的建筑形式，在我国有着悠久的历史。茅草屋是使用茅草、农作物秸秆、芦苇秆等搭建的简易谷仓、农仓，或是精心建造的住宅，而“茅茨土阶”的居住形式是在木结构和瓦片诞生之前，在夯土形成的高台上，利用茅草堆砌成屋顶的建筑形式。人们本着就地取材的原则，用当地盛产且容易获取的植物进行房屋的建造。茅草屋的屋顶一般由不同种类的秸秆捆扎后层层排列制成，既保温隔热又能防水，保证了房屋基本的庇护性和保温性。其中尤以日本的“草庵风”和建筑中榻榻米的运用最为典型。秸秆等材料的使用，使房屋兼具实用和审美功能，带给人独特的自然野趣感。

在寒冷、自然灾害频发和贫瘠的地区，人们充分利用秸秆的保温性能，如北美印第安人就将其围护在墙体的外部，或者填充在墙体的内部，起到抵御严寒的作用。

古代秸秆建筑能够留存至今的极为有限，至今仍然留存较多的是我国山东的海草屋。

我国辽阔的疆土和深厚的历史底蕴造就了各种风格迥异的乡村建筑群落，最知名的如北方的四合院、陕西的窑洞、福建的土楼等。建筑形式由当地的环境及地域文化决定，由此造就了建筑形式的巨大差异性。在利用秸秆材料方面，不得不提的是威海海草屋。在历史上，我国山东沿海地区的农村，海草屋是常见的民居形式，其数量多、分布广，但目前只有不多的遗存。保存相对完整的是被誉为“中国历史文化名村”的楮岛村。楮岛村位于山东荣成南部，七成为百年前建造的。楮岛村四周环境优美，约有 7.5 千米海岸线，沙质细腻，色泽泛白，是一处广受游客喜爱的天然海水浴场。

海草屋的建造完全是就地取材：产自本地的花岗岩砌成地基和墙体，产于附近海域褐色的海草覆盖屋顶。这是海草屋最主要的两种建造材料。除此之外，麦秸也是其中重要的建造材料。在覆盖屋顶时，为了增加海草的强度，每苫一层海草要加一层麦秸。从外观上看，麦秸被较长的海草全部遮盖，只能看到海草的肌理。此外，海草房还使用附近自然资源作为材料。比如，使用贝草作为海草苫顶的筋骨，使用笆条作为海草的基础。白色花岗岩墙体透着微红，海草屋屋顶呈现出灰褐色，二者形成一种鲜明的对比，营造出质朴的自然之美。花岗岩不易风化，墙壁非常牢固，海草能够防火、防霉，并且有较长的使用寿命。

目前遗存的海草屋大多已有百年以上历史，最久的长达 300 多年，充分表明海草屋坚固耐用。屋顶最厚处达 1 米左右，隔热保温效果良好；屋顶采用两头高中间低的马鞍流线型或大陡坡的造型，有利于排泄雨水，有效防止海草受潮。墙体使用的花岗岩厚度达 40~50 cm，能够起到很好的隔热作用，因此海草屋保温性能良好，冬暖夏凉，并且经济节能。屋顶还有一个特色，即两端部位海草厚度高于中间部位，且向两侧墙面做切角处理，加之柔和起伏的马鞍形轮廓线，给人以厚重朴实的感觉，有着童话般的梦幻造型。海草屋的独立建筑布局呈现多样化的局面，既有三合院、四合院，也有一正一厢等形式，户与户之间呈纵向或横向排列，横向排列的房屋高度一致，且与山体相接，使整个村落布局井然有序，体现了良好的邻里关系。

海草屋的屋顶寿命大约 20 年，因此需要定期更换。但由于海洋环境遭到污染，海草生长环境被破坏，产量逐年减少，海草价格居高不下。另外，海草屋苫顶对匠人的技术要求非常高，由于工序复杂，掌握这门技艺的工匠越来越少。受到成本和技术原因的限制，很多居民已放弃翻修海草屋，或者在建新房时放弃了海草屋形式，转而建造现代化的砖瓦房。这对于传统民居的保护是非常不利的。海草屋的核心价值体现在建材和外观审美特性上，主材海草和花岗岩与当地的自然生态有较好的适宜性。此外，经过工艺加工产生的外观审美特性也是其他地域民居所不能替代的，这些区别于其他文化的元素理应得到有效保护。

介绍海草屋的案例，对于秸秆再利用的意义，并非倡导使用秸秆材料铺设屋顶，让人们生活在茅草屋中，而是通过对海草屋的宣传、保护、修缮、研究，让越来越多的人了解这种传统的建筑形式，以及其代表的文化和生活方式，在回忆过去的同时，传承这种与自然共生、集体共存的文化精髓。在保护方面，我国的海草屋与日本的合掌屋相比，缺乏知名度，重视不足，导致保护力度欠缺，因此，传承与保护难以实现平衡发展。这需要媒体加强宣传，学界加强研究，并且可适度开发为旅游资源，活跃当地经济，从而更好地修缮和保护海草屋。同时，旅游线路作为一种媒介，本身就能够向受众传达海草屋的生态思想，让旅客在亲身体验中加强环境保护的理念。

第三节　秸秆的特性分析

秸秆本身具有诸多优良特性，在古代和现代社会均极具利用价值。首先，秸秆是天然的高分子材料，本身具有与外界气体交换的能力。其次，秸秆中的能源来自太阳能、水及矿物质，由于其成分的天然性，所以可以降解。最后，从物理属性来看，有些种类的秸秆为空心管状，质量很轻并且不易扯断，表面覆盖着略有差异的灰黄色；从化学属性来看，秸秆表面附着的蜡质富含木质素及硅元素，使得它能够长久保持原有形态。为了更好地利用秸秆资源，需了解秸秆的各方面特性。

一、元素分析成分

秸秆是由多种可燃质、不可燃的无机矿物质及水分混合而成的。其中，可燃质是多种复杂的高分子有机化合物的混合物，主要由碳（C）、氢（H）、氧（O）、氮（N）和硫（S）等元素所组成，其中 C、H 和 O 是主要成分。

（一）碳

碳是秸秆中主要的可燃元素，会在燃烧期间与氧发生氧化反应，1 kg 的碳完全燃烧时，可以释放出 34045 kJ 的热量。碳基本上决定了生物质的热值。生物质中的碳一部分与氢、氧等结合为各种可燃的有机化合物；一部分以结晶状态碳的形式存在。

（二）氢

氢是秸秆中含量仅次于碳的可燃元素，1 kg 的氢完全燃烧时，可以释放出 142256 kJ 的热量。生物质中所含的氢一部分与碳、硫等结合为各种可燃的有机化合物，受热时可热解析出，且易于点火燃烧，这部分氢称为自由氢；另有一部分氢与氧化合形成结晶水，这部分氢称为化合氢，显然它不可能参与氧化反应并释放热量。

（三）氧和氮

氧和氮均是不可燃元素。氧在热解期间被释放出来以满足燃烧过程中对氧的部分需求。在一般情况下，氮不会发生氧化反应，而是以自由状态排入大气中；但是，在满足一定条件的情况（高温状态）下，部分氮可与氧生成 NO_X，污染大气环境。

（四）硫

硫是燃料中的一种有害可燃元素，它在燃烧过程中可生成 SO_2 和 SO_3 气体，既可能腐蚀燃烧设备的金属表面层，又可能污染环境。生物质中硫含量极低，如果替代煤等化石能源，可以减轻对环境的污染。

（五）灰分

灰分是燃料在燃烧后所形成的固体残渣，是原有的不可燃矿物杂质经高温分解和氧化形成的，对生物质燃烧过程有一定的影响。生物质的灰分含量如果偏高，将减少燃料的热值，降低燃烧温度。例如，稻草的灰分含量可达 14%，燃烧比较困难。

农作物收获后，将秸秆在农田中放置一段时间，利用雨水进行清洗，可以减少其中氯和钾的含量，并且除去部分灰分，减少运输量，减轻对锅炉的磨损，减少灰渣处置量。

（六）水分

水分是燃料中的不可燃成分，一般分为外在水分和内在水分。外在水分是指吸附在燃料表面的水分，可用自然干燥的方法去除，与运输和存储条件有关；内在水分是指吸附在燃料内部的水分，比较稳定。生物质水分的变化较大，会影响燃烧的状况，含水率较高的生物质的热值有所下降，会导致起燃困难，燃烧温度偏低，阻碍燃烧反应的顺利进行。

二、生物特性

（一）可再生性

秸秆主要源自农作物，只要每年种植农作物，那么秸秆资源就会源源不断，故秸秆有周期性和可再生性。

（二）低污染性

秸秆中硫元素和氮元素含量相对较低，在对其进行降解处理时，产生的硫化物、氮化物的废气较少；此外，秸秆在使用中所产生的二氧化碳量，与农作物进行光合作用所吸入的二氧化碳量维持了生物圈中的碳平衡。因此，可以这样说，其二氧化碳的产出量为零，对目前追求绿色生活的我们来说具有重要的意义。

（三）密度低，占地面积大

秸秆的生长密度不高，因此收集起来耗费人力和体力。即使收集完后，由于本身的形状问题，其密度达不到 300 kg/m^3，而要想获得较高的收益，其密度应当维持在 399~599 kg/m^3，甚至更大。因此，倘若有企业使用秸秆作为生产资源，为了保障其利润，企业必须具有一定的储存量和储存空间。

（四）集中性低，即地保存性差

秸秆通常在收集完后没有明确的放置场所，一般会被采集人员置于空闲的农地或者门前，不进行集中处理，因此对其进行完整的收集也有难度。同时由于采集完后并未进行脱水处理，秸秆内水分含量偏高，在湿热的环境中长期堆放容易发霉腐烂，因此应当对其做好防潮、防霉处理。

（五）季节性强

农作物通常在春、冬进行播种，而秸秆的采集和整理工作一般集中于夏季和秋季，因此秸秆的季节性强。倘若未在该时间段收集，到了播种季节，秸秆残留于田间或者随意堆放无人处理，有可能造成道路堵塞，甚至由于秸秆本体腐烂而引发水污染。

三、物理、化学特性

就化学属性论，由于表面附着的蜡质物质的主要成分为硅石、木质素，故秸秆不易腐烂；就物理属性论，空心管状的结构、较强的韧性、较轻的质量、富于变化的颜色，赋予秸秆独特的美感。此外，受各方面因素如储藏方式、产地、种类等的影响，秸秆的性质不是固定不变的。

（一）承载力

数据显示，在墙体工作面荷载为 1000 kg/m^2 的情况下，秸秆砖能够承受。因此，从物理承载力上看，若预应力处理措施过关，完全可以在建筑领域引入并应用秸秆砖。

（二）韧性

研究表明，当外界向秸秆砖施加静荷载时，秸秆砖可能会出现变形，当荷载被卸载后，其形状会很快复原，这说明秸秆砖具有非常出色的韧性，如果在建筑中应用，能够很好地抵抗飓风、周期性疲劳破坏、冲击荷载、震动等情况。

（三）隔音性

将以秸秆为原料生产的板材作为隔墙，不仅能够起到较好的隔音效果，还能大幅减弱声波的传递。相比于传统的黏土砖，秸秆砖具有更低的密度，所以能够更好地吸收声音。

（四）隔热性

较小的质量、空心的结构，提高了秸秆的热阻值，故将秸秆砖用于建筑，既能保温，又能隔热。

我国现行节能建筑材料标准显示：能耗在每年 15 kW/m^2 以下，以秸秆为原材料的建筑完全符合这一标准。以厚度为 200 mm 的秸秆板材为例，它的保温系数是厚度为 370 mm 的黏土板材的 4 倍。秸秆材料之所以被大面积地作为建筑的填充物、保温层、隔热层，正是得益于其良好的隔热性能与较低的成本。

（五）防潮性

相比于其他材料，秸秆的吸湿能力较强，为了增强秸秆砖的硬度，应确保秸秆的含水量在 15%以下，同时，应在秸秆砖建筑中预留防水层，或在内表面预留隔离层，更好地隔离水蒸气，使外表面的水蒸气顺利排出，以免因潮气滞留使秸秆砖受潮。

（六）防火性

秸秆属燃物，但调查发现，对其进行高密度压实处理后，将秸秆砖的室外、室内面层分别用石灰、泥土封合，能够达到 F90 级别的抗燃效果，其防火性可见一斑。

（七）防虫防鼠性

在对秸秆板材进行多道加工处理后，其密度能够达到 90 kg/m^3，加之内外抹灰层的防护，能够有效降低建筑内鼠害、虫害的发生率。通过观察早期的秸秆建筑不难发现，虽然历经数十年的风雨洗礼，建筑中却几乎没有白蚁、寄生虫、鼠类等的存在，原因在于秸秆板材结构可靠性佳。

从性质上看，秸秆材料完全符合工业原料的基本要求。不可否认的是，相比于木材，秸秆也有诸多不足之处，比如纤维长度和宽度较短，糖分、苯醇提取物等的含量较高等，但借助复合材料生产工艺等先进技术，上述问题均可得到有效解决。

四、秸秆燃烧的基本过程

燃烧是指燃料中所含的 C、H 等可燃元素与氧气发生剧烈的氧化反应，同时释放热量的过程。固体燃料按燃烧特征，通常分为以下几类：

第一，表面燃烧。燃烧反应在燃料表面进行，通常发生在几乎不含挥发分的燃料中，如木炭表面的燃烧。

第二，分解燃烧。当燃料的热解温度较低时，热解产生的挥发分析出后，与 O 进行气相燃烧反应。当温度较低，挥发分未能点火燃烧时，将会冒出大量浓烟，浪费大量的能源。生物质的燃烧过程属于分解燃烧。

第三，蒸发燃烧。主要发生于熔点较低的固体燃料。燃料在燃烧前首先熔融为液态，然后再进行蒸发和燃烧（相当于液体燃料）。

秸秆类生物质的燃烧过程可以分为四个阶段。

第一，预热和干燥阶段。在生物质的燃烧过程中，当温度达到 100 ℃时，生物质进入干燥阶段，水分开始蒸发。水分蒸发时需要吸收燃烧过程中释放的热量，降低燃烧室的温度，减缓燃烧进程。

第二，挥发分析出及木炭形成阶段。这个阶段又称干馏，当已经干燥的燃料持续加热时，挥发分开始析出。试验表明，木屑和咖啡果壳在160℃～200 ℃时挥发分开始析出，约200 ℃时析出速度迅速变快，超过500 ℃后重量基本保持不变，由此说明干馏阶段已经结束。类似的结论由包括稻壳、棕榈壳及淤泥等生物质的热重量分析试验获得，说明生物质的挥发分在较低温度就开始析出。当挥发分析出完毕后，最后剩下的就是木炭。

以上两个阶段，燃料处于吸热状态，为后面的燃烧做好前期准备工作，称为燃烧前准备阶段。

第三，挥发分燃烧阶段。生物质高温热解析出的挥发分在高温下开始燃烧，为分解燃烧。同时，释放了大量热量，一般可提供占总热量70%份额的热量。

第四，固定碳燃烧阶段。在挥发分燃烧阶段，消耗了大量的 O_2，减少了扩散到炭表面的氧含量，抑制了固定碳的燃烧；但是，挥发分的燃烧在炭粒周围形成火焰，提供碳燃烧所需的热量，随着挥发分的燃尽，固定碳开始发生氧化反应，且逐渐燃尽，形成灰分。生物质固定碳含量较低，在燃烧中不起主要作用。

应该指出的是，以上各个阶段虽然是依次串联，但也有一部分是重叠进行的，各个阶段所经历的时间与燃料种类、成分和燃烧方式等因素有关。

从上述燃烧过程可知，要使燃料充分燃烧，必须具备三个条件：一定的温度、合适的空气量及与燃料良好的混合、足够的反应时间和空间，即燃烧“三要素”。

第一，一定的温度。这是良好燃烧的首要条件。温度的高低对生物质的干燥、挥发分析出和点火燃烧有着直接影响。温度高，干燥和挥发分析出顺利，达到点火燃烧的时间也较短，点火容易。例如，秸秆的燃点约为250 ℃，当温度升高至400 ℃时，秸秆进入了良好的燃烧状态。

第二，合适的空气量及与燃料良好的混合。当一定数量的生物质完全燃烧时，需要一定的空气量（理论空气量）；考虑到混合不完全等因素，实际供给空气量（实际空气量）一般都大于理论空气量，实际空气量与理论空气量的比值称为过量空气系数。在合适空气量的情况下，影响燃烧的主要因素是空气与燃料的良好混合，它一般由空气流速所决定。气流扩散大时，空气与燃料混合得好，燃烧的速度快。但是，如果空气系数过大，进入燃烧室的冷空气多，就会降低燃烧室温度，影响燃烧进程，而且随着排烟量的增多，排烟损失也会增加。

第三，足够的反应时间和空间。燃烧反应一般都发生在一定的时间和空间内。如果燃烧空间较小，燃料的滞留时间就较短，燃料还没有充分燃烧时，就有可能进入低温区，从而使气体和固体不完全燃烧，热损失增加。因此，要想保证充分的燃烧时间，就需要有足够的燃烧空间。此外，还存在燃烧空间是否充分利用的问题。如果燃烧空间有死角，即使空间再大，燃烧时间仍有可能不够，此时需要适当地设置挡墙或炉拱，改变气流方向，使之更好地充满燃烧空间，延长停留时间，并加强气流扰动。

五、影响秸秆燃烧速度的因素

燃烧过程是一个复杂的物理化学过程，燃烧速度由化学反应和气流扩散所决定。影响化学反应的因素有温度、浓度和压力等。影响气流扩散的因素为空气与燃料的相对速度、气流扩散速度及传热速度等。在以上因素中，起主要作用的是温度和气流扩散速度。

（一）温度对燃烧速度的影响

温度通过影响化学反应速度发挥作用。温度越高，反应速度越快。试验表明，温度每升高 100 ℃，化学反应速度可提高 1~2 倍，两者之间的关系符合以下规律：

$$K = K_0 e^{-\frac{E}{RT}}$$

式中，K——表征化学反应速度的常量；

K_0——与反应物有关的系数；

E——化学反应活化能，J/mol；

R——通用气体常数，为 8.314 kJ/(kmol·K)；

T——绝对温度，K。

（二）气流扩散速度对燃烧速度的影响

气流扩散速度由氧、氮浓度所决定，遵循如下关系式：

$$M = c_k(C_{gl} - C_{jt})$$

式中，M——表征气流扩散速度的量；

c_k——扩散速度常数，主要取决于气流速度，与温度基本无关；

C_{gl}，C_{jt}——气流和木炭表面的氧气浓度。

根据温度和气流扩散速度对燃烧影响程度的不同，可将燃烧划分为三种不同的区域。

1. 动力燃烧区

当燃烧温度较低时，化学反应速度缓慢，气流扩散速度不起关键作用，燃烧速度主要由温度决定。在这一区域中，提高温度是强化燃烧唯一的方式。

2. 扩散燃烧区

当燃烧温度较高时，化学反应迅速，扩散到燃烧表面 O_2 的浓度接近于零，气流扩散远低于燃烧反应的需求，因此，燃烧速度取决于扩散速度。通过增加气流扩散速度，可达到强化燃烧的目的。

3. 过渡燃烧区

动力燃烧区与扩散燃烧区之间的区域，燃烧速度既与温度有关，又与气流扩散速度有关。提高温度和增加气流扩散速度都可以强化燃烧。

六、美学特征

(一) 秸秆资源与环境美学

使用再生资源秸秆进行造物活动，在宏观层面上维护了良好的生态环境，因此，秸秆造物具有美化环境的特征。美学的研究主体是审美活动，因此环境美学的研究主体是环境审美活动。当代环境美学的兴起，既源于对环境危机的反思，也源于美学学科自身的发展。

近半个世纪以来，环境美学与生态美学有着千丝万缕的联系，两者之间的关系纷繁复杂，主要可以归纳为五种立场。

(1) 环境美学与生态美学具有不同的开端，二者并行发展，不存在交叉关系。

(2) 二者存在从属关系，生态美学属于环境美学的范畴。

(3) 二者是相同的事物。

(4) 环境美学促进了生态美学的发展。

(5) 兼具生态美学和传统美学的特点，以环境美学为参照标准建立和发展。

尽管这五种观点都被不少学者拥趸，但近年来，越来越多的学者认可第五种观点，从而使之成为该研究的主流观点。长期以来，以黑格尔为代表的传统美学奉行的是“艺术哲学”，即只有艺术品才能成为审美对象。但上述的第五种观点认为环境美学着眼于“审美对象”，并不是艺术品，而属于环境内容。因此，这种观点是对“艺术哲学”的颠覆，同时，也是理论上的超越；而生态美学是就“审美方式”这个角度立论的，其根基是人的生态生存和生态思维，核心问题是如何在生态意识引领下进行审美活动，形成一种“生态审美方式”，其对立面是传统的“非生态审美”，而非“艺术审美”。

从对象和范围来看，“环境”包括自然环境、人工环境和文化环境，因此，环境美学包括自然美学、景观美学、文化美学和艺术美学。进一步将研究对象聚焦，材料是物料实体，属于环境的一部分，自然和人工制造两种情况同时存在，均服务于人类社会。同时，由于人类的造物活动和文化实践，某种材料也被赋予某些特殊的文化含义，并且成为人类精神生活中的景观，如竹子在中国传统文化中所代表的是文人气质。由此可见，材料美学与环境美学、自然美学、景观美学、文化美学和艺术美学有着千丝万缕的联系。

(二) 秸秆的生态美

秸秆作为一种自然材料，直接或间接成为人造物原材料，其美学特性是从生态美学的角度加以讨论的。首先，秸秆材料赋予人居环境设计生态伦理继承、代谢之美。随着人们生活质量的提高，产品更新换代越来越快，对原材料需求巨大，而目前全世界范围内的自然资源危机让人们不得不开始对新材料进行探索。秸秆材料作为一种几乎取之不尽的生物资源，成本低廉，符合现代商品化原则，其“资源—产品—再生循环”的生命周期特点也非常符合生态设计。同时，使用秸秆制作的手工产品在人类社会中占据了很长一段时间，在某些文化中更是一个时代的记忆，具有历史传承性。其次，秸秆材料的无污染性让人居环境设计具有生态伦理的自由之美。秸秆产品的整个生命周期中都避免了对环境的负担和危害，因此，人们在使用过程中能够更加自如，没有后顾之忧，是对子孙后代的负责之举。最后，秸秆材料的使用让人居环境设计更具质感和生态美感，对工业材质环境是一种自然补充。由于人类与自然界的生物同源性，人们对自然的向往和欣赏几乎是一种本能。秸秆材料的天然色泽、肌理更加柔和，具有天然美感，是工业材料所不能比拟的。

（三）秸秆的材质美

一件产品或作品是否具备较高的审美价值，能否带给人心理上的愉悦感，材料有着重要的作用。材料不仅决定产品的造型，还直接影响着创作者的设计理念，同时，也影响着观赏者对于作品的理解。简单地说，材料美学就是对材料的审美功能展开研究的一门学科。材料的美学价值包括两个部分：第一部分是材料自身所具备的美学价值；第二部分是人类对材料进行加工的过程中所产生的审美效应。基于此可以看出，材料的美学价值是一个动态的标准，并非恒定不变。因此，材料美学的研究对象是“材料的美”，研究内容既包括分析材料的审美特性及创造美的规律，还包括产生材料美的加工和使用方法。在具体形式上，该门学科就是对材料的质感进行设计。每一种材料都有不同的组织结构，如反映在材料表面的纹理形式，这种纹理带给人的心里感觉就是材料的质感，如软硬、色彩、质地等，由此产生独特的美感。每一种材料都有其自身的质感，材料的质感能够使观赏者通过视觉和触觉产生不同的心理感受，带给人不同的审美体验。即便同一种材料，由于加工方式不同，也会呈现出不同的质感，由此带给人不同的视觉感受。质感、造型和色彩构成了造型设计的三要素。

材料表面的排列和组织构造方式形成的效果叫作肌理，人们面对或者触摸某种肌理产生的心理感受叫作质感。材料的美主要来自自身的肌理，优美的肌理纹样产生肌理美，从而奠定材质美的基础，这就是材料的艺术美。在研究领域，通常将肌理分为两类：一类是视觉肌理。每种材料表面都有自身独特的图案和纹样及表现形式，这些因素组合在一起，就形成了该材料的独特的视觉美感。其灵感来源于自然界某种物象特征，在遵循形式美的原则下灵活地运用重复、渐变、分割等手法，产生三维的空间关系。另一类是触觉肌理。人们采用触摸材料表面的方式获得心理体验，如材料是否光滑、是否柔软、是否沉重等。

材料的肌理除了天然形成的纹样外，通过对材料进行加工处理，材料表面还可以生成新的肌理纹样，产生新的肌理效果。肌理美对于材质美的重要性不言而喻，人们欣赏材质时，只能欣赏或者触摸到材料的表面，因此，材料表面的肌理决定着材料的质感。由于具备了优美的肌理纹样，材质的形态不但变得丰富多彩，还形成了流动的美感，给人们带来审美享受。设计师在进行设计时，主要依照材料的肌理效果展开主题和造型的构思，从而表达自己的设计理念。只有把握好材料的肌理特点，充分发挥材质的质感美，才能实现成功的设计。

秸秆的材质美感主要体现在两个方面。一方面，秸秆材料具有自然美感。秸秆本身的色彩属于农作物成熟后的麦芽黄，在阳光下更呈现金黄色泽，并且植物根茎的纹理提醒着人们所处的自然环境，使人联想到丰收和大地的馈赠，有一种亲近自然的感觉。另一方面，秸秆材料具有科技美感。工艺是挖掘和创造材质美的重要手段，材料的加工能够使材质美得到进一步升华。目前的秸秆成型技术主要有挤压成型、平压成型、模压成型，经过成型技术加工过的秸秆板材形成了各自独特的，不同于秸秆自身的纹理效果，且能够按照需求进行相应的表面处理，控制其粗糙程度和光泽度。这种来自技术革新的秩序感具有独特的美感。

（四）秸秆的色彩美

色彩心理学研究显示，色彩在被人感知时会引发联想，继而影响感知。比如，色彩具有冷暖感，人们见到红色、橙色等色彩，便会联想到太阳、火焰等物象并产生温暖、热烈、危险等感觉；见到蓝色、绿色等色彩后，便会联想到天空、冰雪、海洋等物象并产生寒冷、平静的感觉。色彩具有轻重感和软硬感，明度高的色彩使人联想到蓝天、白云、棉花等并产生轻柔、飘浮、上升、柔软等感觉；而明度低的色彩易使人联想到钢铁、石头等并产生沉重、稳定、降落、坚硬等感觉。色彩还具有前后感和大小感，这是由于不同波长的色彩在人眼内视网膜上的成像有前后，红、橙等光波长的色彩在后面成像，感觉会比较近，蓝、紫等光波短的色彩则在外侧成像，在同样距离内感觉就比较远。正是由于色彩的这种前后感，也导致暖色，高明度的色彩和冷色、低明度的色彩带给人们相反的视觉感受。因此，深色显瘦在服装搭配领域被奉为经典原则之一。在长期的人类进化进程和社会发展过程中，以及不同的文化渲染下，人们对不同颜色产生了不同的色彩情感。不同明度的色彩能让人产生不同的视觉感受，从而引发心理体验。如红色引起人兴奋、激动，黄色给人欢快和辉煌感，蓝色让人联想到恐惧、痛苦与毁灭等。

秸秆材料的色彩美体现在两个层面，一个是以原生形态存在的秸秆，包括保留原生形态的秸秆制品，另一个是经过技术处理后的秸秆材料，主要是各种秸秆板材。其中，秸秆染色制品这里不做讨论。原生秸秆材料的色彩保留了秸秆原本不同深浅的黄色，是农作物成熟后的天然色，让人直接联想到成熟、丰收、大地、耕种、乡村、自然、生态等。同时，若秸秆材料直接暴露在外，也有粗糙、原始的感觉，这种感觉需要结合产品特性增强或者削弱。淡黄色给人轻便的感觉，深黄色则给人坚固耐用的感觉。技术处理后的人造秸秆板材，拥有了另外一种压制成型的纹理，其粗糙度和纹理密度会因为不同的技术细节而不同，其颜色也不尽相同。就总体而言，人造秸秆板材的色彩属于暖色调，给人比较轻便、柔软的感觉，深色秸秆具有后退和收缩感，而浅色秸秆具有前进和膨胀感。秸秆天然的色彩比较质朴、随意、洒脱，给人素雅、沉静的感觉。我们在将秸秆材料应用到人居环境中时，包括日用品、工艺装饰品及建筑材料，需要结合具体的应用场景突出秸秆的特点，规避不合适的特性，适当结合其他材料，运用“对比、平衡、节奏、调和”原理，在色彩方面要符合形式美法则。

（五）秸秆的文化美

在很多文化中，自然生物被赋予了很多象征意义，成为独特的文化符号。例如，梅、兰、竹、菊在中国古典文化中代表文人不同的气质。其中，作为广义的秸秆，秸秆造物中的很大一部分原料来自竹。中国自古以来就有着发达的竹文化，食竹、用竹、赏竹、咏竹均有非常悠久的历史，古诗词中包含竹这种符号形式和审美价值的诗词多达250余首。

在长期的社会文化中，秸秆也形成了独特的乡村文化。比如，其原生态的材质结合广大劳动人民的智慧制作的各种秸秆制品体现了一种乡村文化的缩影，勾起人们对过去时代的回忆。由于秸秆与稻作生产密切相关，因此，秸秆文化也是稻作生产的文化。稻草文化深刻影响着朝鲜民族的风俗文化和民间信仰，在人们的人生礼仪、岁时风俗、家神信仰中，随处可见稻草文化的印记。而朝鲜族人民普遍的共同审美偏好也深受影响，包括建筑、舞蹈、音乐和服饰等。最重要的是，发达的稻草文化塑造了朝鲜民族的性格，这种性格源于农闲时期强化的共同体意识、手工编织技术强化的美的意识，以及物质循环利用强化的环保意识。虽然这仅仅是针对朝鲜族稻作文化的研究，但其中体现的秸秆的文化美在其他地域也同样适用。

七、感知特征

产品的感知特征，我们可以用“语义学”的方法加以研究。“语义”，即语言的含义、意义；语义学（Semantics）是以语言意义为主要研究对象的学科，这一语言学名词，在产品设计领域得到了延伸和拓展，并与符号学相关理论相结合，衍生出“产品语义学”。

随着计算机技术等科技的进步与普及，在产品设计领域，为实现功能而提出的形式上的要求逐渐减少，如此一来，产品的功能和形式，也就是内外部极易出现脱节，“形式服从于功能”的设计理念在实践中的作用日益弱化。此外，就功能而言，“形式服从于功能”的理念以产品为重心，但在社会思潮、技术的演变、发展过程中，“用户”逐步取代“产品”，逐步成为产品设计偏重的主体。此时，形式也被赋予了功能的特性而不再限于“功能的载体”，通过形式，用户可以直观地了解产品的功能及使用、操作方法。作为一个新兴名词，产品语义学的意义主要体现在三个方面。

（1）不同于许多设计理论的是，产品语义学在设计理论向实践的转化过程中，发挥着至关重要的推动作用。

（2）依托于其理性思维方式建立的规范化、系统化的体系，从理论层面为设计活动的可控制性、可学习性等提供了有力的支撑。

（3）对于形式的认知，从开始的“服务于功能”，发展到“功能的表达”，使形式具有更多的意义和表述能力，突破了传统意义上形式的束缚，为设计提供了更多的可能。

产品语义学的研究方法是通过语义差分法来探测人们的感知、情感和行为意向。语义差分法（SD）是一种用于测量事物、事件和概念的内在含义的评级量表。语义差分法采用语义差分量表进行问卷调查。语义是被测试对象对特定概念、单词的含义的理解，进行集中测量的方法，以这些概念、单词为中心，建立多个双向形容词量表，让被测试的对象按照自身的理解，在表上指出概念、词的位置。心理学、社会学等学科，都在对事物、环境认知的分析，以及个体及群体、文化的比较研究中，引入并应用语义差分量表。简单而言，该表的基础为形容词的正反意义，由诸多形容词及其反义词构成，且每对互为反义的形容词存在 7~11 个代表不同反应强度的区间，通过选出一对互为反义的形容词，能够体现出被测试对象对人、事物、观念的认知。这是一种自我报告式的测量方式。语义差分法能够在心理控制的范围内，来测量观点、态度和价值。

此外，我们还应当关注社会文化语境在秸秆的感知特性中的影响。从使用者的角度看，理解社会文化语境有利于产品情感的建立，通过文化、情感氛围的营造，在设计者、接受者之间搭建交互的桥梁，使使用者更好地接收设计符号的内涵；从设计师的角度看，作为符号创新、创造不可或缺的灵感来源、背景材料，文化语境在内外两个方面，从风格、气质、意义等维度，影响着产品符号设计的实践，体现着人们的设计理念。因此，设计师要想保持创新、创造的活力与能力，推动当代产品符号设计的多元化发展，就必须对产品符号赖以存在的共时性、历时性语境关系进行全面、系统的解读。

第二章　秸秆能源化利用技术基础

第一节　秸秆与生物质能

秸秆是世界上较为丰富的物质之一，是粮食作物和经济作物生产的副产物，含有丰富的热能及氮、磷、钾等微量元素和营养成分，是一种可供开发与综合利用的资源。全世界每年秸秆产量为几十亿吨，有一半以上直接还田或作为生活能源，剩余的可作为房屋建筑材料、蔬菜生产覆盖材料、草食家畜的粗饲料、还可作为手工艺品的原料等。随着国家经济的快速发展，农村生活中的化石能源的占比越来越高，大量秸秆被就地焚烧，造成极大的资源浪费和巨大的环境压力。探索新的、更加方便有效的秸秆能源化利用实用技术，是保障农村经济快速发展和生态文明建设的迫切需求。

一、我国秸秆资源总量及分类

（一）秸秆资源数量估算方法

秸秆资源是指在现实社会、经济、技术条件下，可供人类利用的秸秆总产量。秸秆资源数量的估算，一般是把农作物的生物量区分为农作物经济产量、地上茎秆产量、根部生物量三部分，分别计算其比例（或比重），再以农作物经济产量为基础数据，利用三种方法计算，即草谷比法、副产品比重法、经济系数（收获指数）法。

1. 草谷比法

农作物生物量是指农作物有机体的总重量，可区分为地表生物量和地下生物量两部分，也可区分为农作物经济产量、地上茎秆生物量、根部生物量三部分。农作物经济产量是指人们需要的、有经济价值的农作物主要产品的产量，所以又称其为农作物主产品产量，简称为农作物产量。有关统计年鉴中的各类农作物产量皆是指农作物的该部分生物量。对于粮食、油料等农作物，籽实产量就是经济产量。农作物地上茎秆生物量即一般意义上的农作物秸秆产量，又称为农作物副产品产量。对于以籽实、瓜果、叶荚等为收获对象的农作物，地上茎秆产量等于其地表生物量减去其经济产量；对于马铃薯、甘薯、甜菜、萝卜、花生等以地下块根、块茎、荚果为收获对象的农作物，地上部分可全部视为秸秆。

草谷比（S_G）是指农作物地上秸秆产量与经济产量之比，它是评价农作物产出效率的重要指标，也是计算农作物秸秆产量的最常用的方法，又称为农作物副产品与主产品之比，用公式表示为：

$$S_G = W_S / W_P \tag{2-1}$$

式中，S_G——草谷比即农作物秸秆产量与农作物经济产量之比值；

W_S——农作物秸秆产量；

W_P——农作物经济产量。

因此，在草谷比和农作物经济产量已知的条件下，可用下述公式计算农作物秸秆产量：

$$W_S = W_P \times S_G \tag{2-2}$$

例如，水稻的草谷比（S_G）为 1.06，稻谷的产量（W_P）为 100 万吨，则稻草的产量（W_s）= 100×1.06 = 106 万吨。

2. 副产品比重法

对于部分农作物副产品（如稻壳、花生壳等）的产量可根据其占农作物经济产量的比重来计算。例如，在水稻生产中，稻谷是其经济产品，稻壳占稻谷的比重为 20.55%，稻谷的产量为 100 万吨，则稻壳的产量为 100×20.55% = 20.55 万吨。用公式表达为：

$$W_S = W_P \times R_{S/P} \tag{2-3}$$

式中，W_s——农作物副产品产量；

W_P——农作物经济产量；

$R_{S/P}$——农作物副产品产量占其经济产量的比重。

3. 经济系数（收获指数）法

经济系数是指农作物经济产量与总生物产量之比值，又名收获指数（Harvest Index，HI）。经济系数计算公式为：

$$HI = W_P / B_C \tag{2-4}$$

式中，HI——农作物经济系数；

W_P——农作物经济产量；

B_C——农作物总生物量。

经济系数与草谷比的关系式为：

$$S_G = (1 - HI - I_R) / HI \tag{2-5}$$

式中，S_G——草谷比；

HI——农作物经济系数；

I_R——农作物根部生物量比重。

计算公式为：

$$I_R = W_R / B_C \tag{2-6}$$

式中，W_R ——农作物根部生物量；

B_C ——农作物总生物量。

当农作物地下部分主要是经济产品（如马铃薯、甘薯、甜菜、萝卜等）、根部生物量所占比重很少或生物产量测定因根系部分取样困难时，可统一不计在生物产量内，即 $I_R \approx 0$，此时：

$$S_G = (1 - HI)/HI \tag{2-7}$$

例如，在计算油菜收获指数时，特意规定：生物产量是指油菜成熟以后子叶节以上的全部干物质的现存量，经济产量是指籽粒产量，经济产量占生物产量的百分数便是收获指数。

目前，有关农作物试验或测产研究文献中的收获指数，大多数是根据地上生物量计算的。有人认为，对谷物等农作物而言，收获指数就是指作物产量与地表生物量之比值。

利用农作物经济系数计算秸秆产量的公式为：

$$W_S = W_P \times [(1 - HI - I_R)/HI] \tag{2-8}$$

式中，W_S ——农作物秸秆产量；

W_P ——农作物经济产量；

HI ——农作物经济系数；

I_R ——农作物根部生物量比重。

当 I_R 取值为 0 或近似值为 0 时，可把公式简化为：

$$W_S = W_P[(1 - HI)/HI] \tag{2-9}$$

（二）秸秆资源的分类

（1）粮食作物秸秆：稻草、稻壳、小麦秸秆、玉米秸秆、玉米芯、谷子秸秆、高粱秸秆、其他谷物秸秆、大豆秸秆、其他豆类秸秆、马铃薯茎叶、甘薯秧。

（2）油料作物秸秆：花生秧、花生壳、油菜秆、芝麻秆、胡麻秆、向日葵秆，以及其他油料作物秸秆。

（3）棉秆。

（4）麻秆：黄红麻秆、苎麻秆、大麻（线麻）秆、亚麻秆及其他麻类作物秸秆。

（5）糖渣和糖料作物茎叶梢：甘蔗渣、甘蔗叶梢、甜菜渣、甜菜茎叶。

（6）烟秆。

（7）药用作物残余物。

（8）蔬菜瓜类藤蔓和残余物。

二、秸秆的主要利用途径

近几年来，随着农村经济的发展和能源供应的改善，农民对秸秆的燃烧利用逐渐减少，秸秆在农村能源中的占比呈下降趋势。于是在麦收和秋收季节，部分经济较发达地区出现了田间直接焚烧秸秆的现象，造成了严重的环境污染。因此，实现秸秆资源化利用是农业可持续发展战略的必然要求。近年来，秸秆利用技术在我国发展迅速，主要有秸秆能源利用技术、秸秆还田技术、秸秆饲料利用技术、秸秆生产食用菌技术以及用于工业原料（如造纸、降解膜、建筑材料、塑料替代品等）的技术等。

（一）秸秆还田

秸秆还田方法包括：①秸秆覆盖或粉碎直接还田；②利用高温发酵原理进行秸秆堆沤还田；③秸秆养畜，过腹还田；④利用催腐剂快速腐熟秸秆还田——在秸秆中添加一定量的生物菌剂及适量的氮肥和水，再经高温堆沤，可使秸秆腐熟时间提早15~20天。

在我国，机械化粉碎秸秆还田是秸秆综合利用的主要技术措施。连续3年秸秆还田，可增加土壤有机质0.204%，从而弥补磷、钾肥投入不足的问题，提高耕地质量。因此，一方面要充分利用广播、报纸、电视等宣传媒体开展形式多样的宣传活动，通过广泛宣传，把秸秆还田的好处讲深讲透，让农民群众认识到这是一件利国利己的好事；另一方面，要做好秸秆还田的技术培训和普及工作，培养技术骨干，让农民正确掌握基本技术要领，为秸秆还田工作的顺利开展奠定基础。

（二）秸秆饲料

利用光合细菌、酵母菌、乳酸菌、曲霉菌等菌群对秸秆进行发酵，可将其中的纤维素、淀粉、蛋白质等复杂的大分子有机物降解为动物易消化吸收的单糖、双糖、氨基酸等小分子物质。青贮饲料是将收获后的秸秆切碎、装入青贮窖内，隔绝空气，经微生物发酵制成饲料，这种饲料有效地保留了青绿植物的营养成分，含水量达70%，适口性好，消化率高，但贮藏技术要求高，适合在养羊、养牛较集中的地区大力推广。

（三）秸秆新能源

生物质是仅次于煤炭、石油、天然气的第四大能源，在世界能源总消费量中占比14%。我国每年农作物秸秆资源量约占生物质能资源量的近一半。农作物秸秆能源转化的主要方式如下：

（1）秸秆直燃技术。利用直燃炉将秸秆直接燃烧，利用产生的能量加热水炉生成水蒸气，然后带动发电机组的运作，从而实现秸秆直燃发电。

（2）秸秆发酵技术。利用微生物分解、合成，使秸秆在无氧的环境下进行发酵处理，产生可燃烧的甲烷气体。甲烷完全燃烧后仅生成水和二氧化碳，是一种可推广的清洁能源。

（3）秸秆热解气化技术。在高温高压条件下，利用水将秸秆分解得到气体的技术。

（四）秸秆建材

将秸秆粉碎后与助剂、稀料混合，经注模成形可生产各种高密度和中密度板材，也可直接生产复合地板、家具、厨房用具及带工艺性的浮雕门柱等模压制品，这类材料制成的产品具有阻燃、防潮、隔音、不变形、不开裂、强度高的优点。

（五）秸秆基质

秸秆用作食用菌基料是一项与食品有关的技术。食用菌具有较高的营养和药用价值，利用秸秆作为生产基质，大大增加了生产食用菌的原料来源，降低了生产成本。目前利用秸秆生产平菇、香菇、金针菇、鸡腿菇等技术已较为成熟，但该技术对生产条件要求较高。

此外，秸秆还可用于生产可降解快餐盒、新闻纸和减压包装材料，也可用于食用菌生产等方面。若利用得当，可形成“秸秆—饲料—养殖”“秸秆—肥料—种植”“秸秆—气化—能源”“秸秆—纸浆—纸产品”“秸秆—板材—建筑装饰”“秸秆—食用菌”等多条产业链。

第二节　秸秆能源化利用技术简介

生物质是仅次于煤炭、石油、天然气的第四大能源。我国每年农作物秸秆资源量约占生物质能资源量的一半，秸秆的能源化利用是秸秆资源化利用的主要方式。

一、秸秆生物质能的计算

以生物质为主要原料制造能源和燃烧时，生物能源含有量是重要影响因素。生物能源含有量的指标常用发热量来表示，发热量是生物质完全燃烧产生的热量，也称为燃烧热。发热量取决于生物质中含有成分的组成比、构成元素的种类及比例（特别是碳元素的含量）。一般来说，有机物含油量、含碳率越高，发热量也越高，而无机成分与能量值无关。此外，用含水分的生物质生产能源时，不仅要考虑发热量，还必须考虑有效发热量。

（一）高位发热量与低位发热量

生物质，在完全燃烧后主要生成二氧化碳和水蒸气。这些生成的水蒸气中含有大量的潜热，在水蒸气凝结为水的过程中，潜热会释放出来。一般把包含潜热在内的发热量称为高位发热量（HHV，也称总发热量），不包含潜热在内的发热量则称为低位发热量（LHV，也称为真发热量）。

（二）有效发热量

发热量 Q_0 是单位物质量在标准状态下完全燃烧时生成的热量。但实际的生物质是以含有较多水分和灰分的状态存在的，在用这些生物质为原料生产能量时，其中含有的水分和灰分是必须考虑的。如果以生物质存在状态的物质是否自燃为评价指标，仅考察上述的低位发热量是不够的，还必须考虑加热周围空气以维持火焰温度所需的能量以及灰分所吸收的能量。有效发热量可通过下式求得：

$$有效发热量\ Q = Q_0(1 - \omega) - 1000\omega - 排烟吸热-灰分吸热$$

式中，ω 为含水率。

在利用生物质能源时，生物质的发热量 Q_0 是重要的评价指标。生物质是由纤维素、木质素、蛋白质等主要成分，以及其他有机成分和无机物和微量成分构成的。发热量随着这些成分的种类和组成比例的不同而不同。一般来说，含水量通过在 1 个标准大气压下 100 ℃～105 ℃放置时的质量减少量求得。生物质含水率的变化幅度很大，低至 2%，高至 98%。当通过生物质燃烧获得能量（热）时，有效发热量为正值是燃烧成立的最低条件。一般对生物质而言，含水率超过 2/3 时有效发热量为负值，因此，即使生物质自身含有较高的发热量，自然存在状态下的高含水率所造成的低有效热值也会使其不适于燃烧。所以，在选择能量转换工艺时，含水率是十分重要的考察因素。

（三）生物质能折算系数

表 2-1 为常见生物秸秆的标准煤折算系数。标准煤也称煤当量，具有统一的热值标准。我国规定每千克标准煤的热值为 7000 千卡。

表 2-1　生物质能折算系数表

能源种类	平均发热量	折标系数
大豆秆、棉花秆	3800（千卡/千克）	0.4290（千克标准煤/千克）
稻秆	3000（千卡/千克）	0.4290（千克标准煤/千克）
麦秆	3500（千卡/千克）	0.5000（千克标准煤/千克）
玉米秆	3700（千卡/千克）	0.5290（千克标准煤/千克）
杂草	3300（千卡/千克）	0.4710（千克标准煤/千克）
树叶	3500（千卡/千克）	0.5000（千克标准煤/千克）
薪柴	4000（千卡/千克）	0.5710（千克标准煤/千克）
沼气	5000（千卡/米^3）	0.7140（千克标准煤/米^3）

二、秸秆能源化利用技术

（一）秸秆直燃技术

生物质直燃技术以生物质为燃料，其燃烧设备针对生物质特性专门设计，辅以整套的生物质储运预处理以及给料设备，可以实现大规模连续的生物质燃烧转化利用，是生物质能利用的重要方式。

从应用规模划分，主要包括民用节能灶（炕）技术和锅炉直燃供热、发电技术。我国省柴节煤炉、灶、炕的研究和大规模推广应用始于 20 世纪 70 年代末至 80 年代初。20 世纪 80 年代中期起，原农业部组织有关科研单位和生产企业开展了省柴节煤炉、灶、炕的基础理论研究、新产品创新、标准编制和技术及产品的大规模评比活动，使得当时的省柴节煤炉、灶、炕的发展呈现快速发展的良好势头，一大批省柴节煤炉、灶、炕的技术及产品专利相继问世，效率更高的新型工厂化生产也随之起步并快速发展。

根据锅炉直燃技术对原料的不同要求，又分为低碱生物质燃料直燃技术和高碱生物质燃料直燃技术。

低碱优质生物质燃料直燃技术的发展在全球范围，特别是北美和欧洲已经有较长的历史，也拥有大量的工程实践。我国也有诸多类似应用，比较典型的有广西等地大量的蔗渣燃烧锅炉、燃用稻壳锅炉、木加工厂下脚料的直燃锅炉等，炉型以炉排炉为主，也有采用流态化燃烧技术的，容量一般在 35 吨/小时以下。

该类燃烧技术需要考虑生物质的物理特性及高挥发分、低灰分等燃烧特性，但由于燃料中无机杂质很少，不需要过多考虑生物质含钾、含氯带来的灰熔点低、受热面容易沉积以及高温腐蚀等问题。该类燃烧技术的关键在于成熟的给料以及恰当的炉膛设计，若能够根据生物质特性，组织好炉内生物质的挥发分燃烧和半焦燃尽，即可保证燃烧质量。

我国生物质的主体是农作物秸秆，这类秸秆属于高碱生物质燃料，而木质燃料和稻壳、蔗渣等的资源量很少且受地域限制较大，因此，针对高碱生物质燃烧利用的秸秆直燃技术更受关注。从全球范围看，目前秸秆直燃的主要技术代表是丹麦的秸秆水冷振动炉排直接燃烧技术。针对我国生物质资源现状，随着《可再生能源法》的颁布和实施，我国大力促进秸秆直燃发电产业的发展，各种技术流派相继涌现。从技术层面看主要有引进技术、引进技术消化改进技术和国内自主开发技术三类。

我国引进的主要是丹麦的水冷振动炉排秸秆直燃技术，该技术针对秸秆等高碱生物质燃料特性开发，其特殊设计的炉排可保证炉排上生物质燃料的燃尽以及低熔点灰渣的排除；炉膛和受热面的设计也充分考虑了生物质灰渣熔融以及生物质无机杂质带来的高低温腐蚀问题。该技术引进后，除了燃料预处理和给料在适应国内燃料品种品质变动方面存在一些问题外，其他运行情况良好。但高昂的引进成本是阻碍其推广的主要因素。

我国秸秆直燃技术中的“引进技术改进型”大多也采用水冷振动炉排的基本形式以及自主开发的燃料预处理和上料系统，由于价格低廉，目前在国内市场占有率较高。但该类技术存在的问题是由于缺少经验积累和实践经验，各示范工程或多或少存在各种问题，如给料、炉排结构和排渣等故障，在一定程度上影响机组的正常运行。

新开发的秸秆燃烧技术以基于循环流化床的秸秆燃烧技术为主要代表。国内相关研发单位在对秸秆燃烧特性和碱金属问题进行深入研究的基础上，提出了创新性的燃烧组织思路和特殊设计的秸秆流化床直燃技术路线，该技术经过示范工程的验证运行，目前正处于推广阶段。浙江大学循环流化床燃烧技术方案已经在中国节能环保集团公司投资的宿迁生物质发电厂实施应用。这是世界上第一台具有自主知识产权的纯烧秸秆的循环流化床锅炉。除浙江大学外，国内还有一些机构进行生物质循环流化床锅炉的研发，如哈尔滨工业大学与长沙锅炉厂合作研制的多台生物质流化床锅炉，可以适用于甘蔗渣、稻壳、碎木屑等多种生物质；中国科学院和济南锅炉厂也在合作开发燃用生物质的循环流化床锅炉；此外，太原锅炉厂、泰安锅炉厂均已自主开发了生物质循环流化床锅炉。由于该技术利用流态化的低温燃烧的特性，能有效抑制秸秆燃烧中的碱金属问题，同时可良好适配我国生物质燃料品质波动大、预处理程度低的特点，因此，具有非常强的生命力。

（二）秸秆沼气工程技术

沼气发酵又称厌氧消化、厌氧发酵或甲烷发酵，是指有机物质（如人畜、家禽粪便、秸秆、杂草等）在一定的水分、温度和厌氧条件下，通过种类繁多、数量巨大且功能不同的各类微生物的分解代谢，最终生成甲烷和二氧化碳等混合性气体的复杂的生物化学过程。秸秆中含有大量的有机质、氮、磷、钾和微量元素，利用秸秆沼气技术分解秸秆产生沼气和沼渣，不仅高效利用了农作物秸秆，而且还能解决部分以畜禽粪便为原料的沼气工程因缺乏发酵原料而闲置的问题，打破了沼气建设对畜禽饲养的依赖性。特别是以秸秆为主要原料的集中供气技术，以自然村为单元，建设厌氧消化装置、储气设备，通过管网把沼气输送到农户家中，解决了农户炊事用能问题。同时，农作物秸秆资源的收集、储存和运输过程，增加了当地农户的直接就业机会，秸秆的出售增加了农民收入，实现了“变废为宝”，做到“源于农民还于农民”。因此，秸秆沼气工程技术的研发和推广，因可以达到能源回收、物质循环、环境保护和促进农民增收等多重效果，受到广泛重视。

根据不同的养殖规模、环境容量、土地资源和污水排放标准等条件，我国处理农业有机废弃物的沼气工程按沼渣沼液的出路形成了各种适宜模式，其中最有代表性的模式有两种：一种是能源生态型，即沼气工程周边配套有较大面积的作物农田、鱼塘、植物塘等，能够就地消纳沼气发酵的残留物，废弃物真正实现了零排放，如 USR、CSTR 工艺等；另一种是能源环保型，即沼气工程周边环境无法直接消纳沼液，必须将沼液进行固液分离，分离出来的沼渣制成商品固体有机肥料，分离后的清液经过好氧或物化等深度处理达到行业排放标准后直接排放，如 UASB 工艺。此外，根据秸秆物料在反应器中的形态，大致可分为液态消化、固态消化和固液两相消化工艺。

（三）秸秆压缩成型技术

植物细胞中含有纤维素、半纤维素和木质素（或称木素）。虽然不同的植物其组成成分不同，但纤维素、半纤维素和木素均为植物体的主要成分，一般占植物体成分的 2/3 以上。其中，纤维素的含量在木材中为 40%~55%，在禾本科植物的茎秆中占 40%~50%；木质素的含量在木材中达 25%以上，在禾本类中占 14%~25%。木质素是一类以苯丙单体为骨架、具有网状结构的无定型高分子化合物。当温度达到 70 ℃~110 ℃时，软化黏合力开始增加；温度在 200 ℃~300 ℃时，软化程度加剧而达到液化，此时加以一定压力，可使其与纤维素紧密黏结，同时与邻近的秸秆颗粒互相交接。这样经过一定形状的成型孔、眼，可以形成具有固定形状的压缩成型棒、粒燃料。在热压缩成型过程中，可不用任何黏合剂，因为大部分植物体的生物质本身就已具备了压缩成型所必需的基本条件。

根据主要工艺特征的差别，可以从广义上将生物质压缩成型工艺划分为冷压成型、热压成型和炭化成型三种主要形式。

1. 冷压成型

冷压成型又称湿压成型，常用于含水量较高的原料。原料在常温下，浸泡数日水解处理后，其压缩成型特性明显改善，纤维变软、湿润皱裂并部分降解，易于压缩成型。

根据模压装置结构，常温模压成型可分为“闭式”和“开式”两种压缩成型方法。“闭式”是一个完全封闭的压缩系统，压缩成型后再取出；“开式”则是从进料口进料，然后通过机械机构如螺旋杆、活塞传递碎料，在出口处挤压成型。

2. 热压成型

热压成型是目前普遍采用的致密成型工艺。其工艺流程为：原料粉碎→干燥→混合→压缩成型→冷却→包装。

这种工艺通过在一定温度条件下将生物质原料压缩成型，根据热压成型过程中是否对成品燃料炭化，可分为炭化和不炭化成型。根据原料被加热的部位的不同，又可划分为两类：一类是原料只在成型部位被加热，称为“非预热热压成型工艺”；另一类是原料在进入压缩机构之前和在成型部位被分别加热，称为“预热热压成型工艺”。

3. 炭化成型

根据工艺流程不同，炭化成型工艺又可分为两类：一类是先成型后炭化；另一类是先炭化后成型。

（1）先成型后炭化工艺。

工艺流程为：原料→粉碎干燥→成型→炭化→冷却包装。先用压缩成型机将松散细碎的植物废料压缩成具有一定密度和形状的燃料棒，然后用炭化炉将燃料棒炭化成木炭。

（2）先炭化后成型工艺。

工艺流程为：原料→粉碎除杂→炭化→混合黏合剂→挤压成型→成品干燥→包装。先将生物质原料炭化成粉粒状木炭，然后再添加一定量的黏合剂，用压缩成型机挤压成一定规格和形状的成品木炭。

（四）秸秆热解气化技术

秸秆热解气化是生物质热化学转换的一种技术，指秸秆原料进入气化炉后在较高温度下发生复杂的氧化还原反应，最终生成较低分子量的 CO、H_2、CH_4、C_nH_m 等混合气体的过程。燃气的热值与气化工艺和最终燃料的成分有直接关系，含 CO、H_2 和 CH_4 数量越多，燃气的热值也就越高。

早在20世纪70年代，我国就开始了生物质能气化技术的攻关研究。经过多年的科技攻关、试验示范，秸秆热解气化技术不断改进，设备配套日益完善，逐渐形成了生物质气化集中供气、供热、发电等技术。这些技术可将农作物秸秆转换为高品位的秸秆煤气、电能，提高秸秆的利用效率。气化设备也从单一的固定床气化炉发展到多种流化床气化炉；由生产低热值气化装置发展到中热值气化装置；由户用气化炉发展到工业烘干、集中供气和发电等工程应用。中国机械化科学研究院研制的ND系列生物质气化炉、山东科学院能源研究所研制的XFF系列秸秆气化炉、大连环境科学设计院研制的LZ系列生物质干馏热解气化装置、中国科学院广州能源研究所研制的GSQ型气化炉等，可实现多种秸秆原料的气化产气。

欧美发达国家气化技术、气化效率和燃气热值较高，其气化装置大、工艺复杂、自动化程度高、造价也较高，所产燃气主要用于发电供热，已实现了工业化应用。我国秸秆热解气化以中小规模、固定床、低热值气化为主，依靠小型多用途的方式来满足市场需求，立足于解决农村能源短缺的问题，包括气化供热、气化供气等类型。与欧美国家相比，我国的气化技术在技术水平和自动化程度上仍有差距。目前，我国自行研制的集中供气系统已进入实用化试验示范阶段。

第三节　秸秆的收集与储运

一、秸秆的收集

秸秆资源的商品价值较低，因此，秸秆的收集成本是影响秸秆加工成本的主要因素，也是影响秸秆资源有效利用的关键环节。现代新型收割机具备秸秆打包收集的功能，是降低收集成本的理想途径。

（一）我国秸秆收集现状

随着农村经济的发展和生活方式的改变，传统秸秆的利用量大幅降低，大部分秸秆成为闲置资源。尽管目前各地采取了发放补贴、罚款等手段禁止秸秆焚烧，但在秸秆尚未形成规模化、有效化的商业资源的状况下，效果还是受到很大影响。现实中每到夏收、秋收季节，农民为了不影响下一季粮食生产，常常将秸秆抛入河、沟、渠、塘，或夜晚焚烧，这不仅浪费了大量的秸秆资源，还严重污染了大气、水体，破坏农村生态环境和人居环境，甚至引发航空、公路、河道等交通安全事故和安全隐患等。

秸秆的有效收集是秸秆综合利用的前提，以往国内秸秆收集以人工为主，劳动强度大、收集成本高（300元/吨左右），严重影响了秸秆的后续利用。如何更好地收集秸秆成为当前面临的主要问题。目前主要收集模式有两种：一种是以秸秆经纪人的形式收集；另一种是以专业秸秆收集公司为主体进行收集。

1. 秸秆经纪人

秸秆经纪人指秸秆需求企业从周边农村挑选有经济头脑、有启动资金的农民，培育为秸秆经纪人，专门负责秸秆原料的收集、晾晒、储存、保管、运输等工作，由一批秸秆经纪人负责为企业提供秸秆原料。秸秆经纪人一般采取两种方式收集秸秆：一是经纪人自行购买运输车辆并建立简单的储存场所，从农户手中收购秸秆，存放在储存场，定期向需要秸秆的企业供应原料；二是秸秆经纪人培育一些秸秆收购户，并定期预先给予收购户周转资金，用来收购秸秆、购买农用运输工具，由这些收购户以走村串巷收购的形式来收集秸秆，并负责直接运送到企业。秸秆经纪人负责与企业定期结算，并与各收购户进行利润分红。

2. 专业秸秆收集公司

专业秸秆收集公司指以专业秸秆收储公司为主体，负责原料的收集、晾晒、储存、保管、运输等工作，并按照发电企业规定的统一质量标准，对农户或秸秆经纪人交售秸秆的含水、含沙和霉变程度进行质检、称重、支付货款、打捆、堆垛、统一防潮、防火和保存的运营模式。秸秆收储公司根据企业要求来调整秸秆收储量并按企业原料要求使用储存秸秆，及时、保质、保量运送秸秆到厂。秸秆收储公司对秸秆实行分散收集、统一储运管理。以现有农户或秸秆经纪人作为秸秆的主要收集者，将秸秆收集、晾晒后，按照收储公司的要求统一运送到秸秆收储点进行储存、保管。此外，部分收储公司通过培育秸秆农民合作组织，与合作组织签订合同，规定收购的数量、质量、价格等内容，由专业合作组织把分散农户组织起来，负责原料收集、预处理和小规模储存，然后根据需要定期运送到收储站，逐步形成“农民合作组织—秸秆收储公司—发电企业”的秸秆收储运体系，保证了原料的长期有效供应。

（二）秸秆收集机械

秸秆收集已成为影响秸秆后续利用的瓶颈，因此，开发、推广集合收割、打捆一体化设备或专业的秸秆收割、捡拾、打捆机械，是秸秆综合利用的关键举措。针对不同作物秸秆的特性，目前国内已研发出大量自动化秸秆收集及打捆机械。

1. 棉秆

（1）棉秆铲切收割。

常用机型有乌兹别克斯坦生产的 KV-3.6 A 型和 KV-4 A 型，其由机架、挖根铲、栅状导向板、星形喂入轮及锥形齿轮减速器组成。机具作业时由拖拉机牵引，由挖掘铲深入底层中，将棉秆根切断，利用旋转星轮拨取棉秆，达到秆土分离。该机型一般收获 4 行棉秆并铺放成条，棉秆拔净率均接近 99%。棉秆晒干后，由人工或打捆机打成捆备用。这种技术的缺点主要是入土切割铲动力消耗较大、磨损严重；优点是对行距要求宽松，挖根较彻底。

（2）棉秆刨挖收割。

主要是采用对称倾斜双圆盘刨挖，这种技术类似于双圆盘开沟器的工作原理。典型代表如 Dave Koenig 和 Orthman 棉秆刨挖机。Dave Koenig 机型根据需要可分别收获 2、4、6、8 行棉秆，对不同湿度棉秆适应性强。Orthman 机型圆盘角度和高度均可调节，为了减少运输次数，拔秆机构可折叠。作业时，拔秆机构自动伸展，采用平行四连杆仿形，通常在拔秆机构后面安装切碎装置，实现棉花秸秆拔取与切碎还田。这种技术相对于铲切来说，动力消耗相对减少，但对作业条件要求较高。

（3）棉秆拔取收割。

该技术采用 45°倾角安装的橡胶对辊夹取秸秆。典型机型有 Muti 拔棉秆机械和 AMADAS 棉秆拔取切碎收获机。其中，Muti 拔棉秆机可以拔取 8 行棉秆，作业速度高达 22 千米/时，能直接将棉秆平铺在地上。AMADAS 棉秆拔取切碎收获机能够将棉秆连根拔起并切碎，作业行走速度快，即便是茎秆粗壮的秸秆也具有较高可靠性和稳定性，且设有传动安全防护措施。这种技术最大的缺点是对种植行距的标准性要求较高，对机手操作的熟练程度也要求较高，适用于标准化栽植的规模化种植场景。

2. 玉米秸秆

玉米收获已基本实现全部机械化作业，该模式较适用于一年一季的种植制度，收获时玉米籽粒的含水率很低。多数国家采用玉米摘穗并脱粒的收获方式，秸秆直接还田。针对玉米秸秆的回收利用，一般采用分段收获，先将摘完穗的玉米秸秆调质、晾晒，再打捆成型。如通过玉米联合收割机作业，将摘完穗的玉米秸秆切碎或调质后放置田间自然晾干，当秸秆降至合适的水分时，利用捡拾打捆机完成打捆。该方式也仅限于一年一季的种植模式——这一模式下，农艺上允许留有足够的晾晒时间。

我国玉米秸秆除了青饲收获、粉碎还田外，秸秆收集仍以人工为主，机械化收集研究尚处于起步阶段。玉米秸秆因茎秆粗壮、节硬、表皮密实，在摘穗时水分含量较高，不适宜直接打捆，这是影响玉米秸秆机械收获的关键因素。现有的研究技术主要集中在固定式打捆，主要是用于废品收集的液压式打捆机，人工上料、人工穿绳捆扎，生产率仅为 5~8 捆/小时，人工劳动强度极高，生产率低，成本高。

3. 小麦秸秆

我国目前对小麦秸秆的处理方式主要有两种：一种是直接粉碎还田；另一种与国外基本一致，采用分段式收获。当前秸秆收获普遍使用的设备是捡拾圆打捆设备和小型捡拾方打捆设备。我国东北地区，地块面积大，小机型效率低，缺乏高效的装备。华北一年两熟地区情况则不同：部分实行套种，小麦收获后，秸秆大部分散落在田间，而此时二茬作物玉米已经长出，小麦收获机不能低茬收割，秸秆覆盖在玉米苗上，收集小麦秸秆的打捆机械在田间作业较困难。多数情况是随着小麦跨区作业的成功实施，小麦收获期缩短，实现了小麦收获后抢茬种植玉米，但秸秆如何尽快运出田间成为难题。此外，由于各地耕作模式不同，关于小麦秸秆收集，国内不可能沿用一种技术工艺路线，更不能照搬国外的工艺技术，因此必须研究开发出符合我国国情的捡拾打捆系列设备，并研究如何增加小麦联合收割机的秸秆收获功能——这类设备在完成小麦收获的同时，还能实现秸秆的收集，满足后续种植与秸秆直燃发电、气化、液化、建材利用等工业化原料供应。

4. 秸秆收割打捆一体化设备

秸秆收割打捆一体化设备一般由拾草器、秸秆输送装置和液压系统组成。秸秆收集的流程为：拾草器滚筒转动，其筒壁上的弹齿将秸秆从地上捡起，向上转动，运送至上挡板；挡板将秸秆刮下集中，弹齿继续向下运动进行下一个循环。拾草器上端设计螺旋推进装置，将捡起集中的秸秆推送到车厢一端的输送带，输送带将秸秆送入秸秆收集箱。当收集箱中秸秆堆积到一定量时，触动压力传感器，压缩油缸推动压实板向后运动，将秸秆进行一定程度的压实，以增加后续秸秆送入秸秆收集箱的空间体积。通过自动控制系统，上述压实工作将间断循环进行。待秸秆收集箱收集到一定紧实度后，压力传感器发出信号，此时可停止秸秆收集工作。秸秆收集过程中的压缩工作由电气系统控制电磁阀液压系统实现。

二、秸秆储运

农作物秸秆属于易燃、易腐的材料，加之产量大、结构疏松、形状不规则，储运难度较大。农作物秸秆储运不仅要求比较宽阔的场地，同时还要加强储运过程的管理，做好防火、防潮工作。

（一）储运的场地及设施

1. 秸秆储运的选址与布局

（1）秸秆燃料堆场应设置在企业、居民居住地全年风向最小频率的上风侧。

（2）秸秆燃料堆场应远离生产区、生活区。一般要求：储量在 2 万吨以上的大型秸秆燃料堆场，与生产区、生活区的距离应在 100 米以上；2 万吨以下的中小型秸秆燃料堆场，与生产区、生活区的距离应在 50 米以上。

（3）秸秆燃料堆场应配备充足的消防水源，并设置畅通的消防车道。

（4）秸秆燃料堆场距场外道路边缘不应小于 15 米，距场内主要道路路边缘不应小于 10 米。

（5）秸秆燃料堆场地应平整、不积水，垛基需比自然地面高出 30 cm。

（6）秸秆燃料堆场应当设置警卫岗楼，其位置要便于观察警卫区域。岗楼内须要安装消防专用电话及报警设备。

（7）秸秆燃料堆场四周应设置围墙或铁刺网。墙（网）高度不低于两米，与堆垛之间的距离不小于 5 米。

2. 秸秆储运设施

（1）电气设备。

①秸秆燃料堆场的消防用电设备应当按二级负荷供电。

②秸秆燃料堆场内应采用直埋式电缆配电，埋设深度不小于 0.7 米；其周围架空线路与堆垛的水平距离不小于杆高的 1.5 倍，堆垛上空严禁拉设临时线路。

③秸秆燃料堆场内机电设备的配电导线，应采用绝缘性能良好、坚韧的电缆线；秸秆燃料堆场内严禁拉设临时线路。

④秸秆燃料堆场内宜选用防尘灯、探照灯等带有护罩的安全灯具，并对镇流器采取隔热、散热防火措施；严禁使用移动式照明灯具。

⑤照明灯杆与堆垛最近水平距离不小于灯杆高的 1.5 倍。灯杆宜采用水泥杆。

⑥秸秆燃料堆场内的电源开关、插座等，必须安装在封闭式配电箱内。配电箱应当采用非燃材料制作。使用移动式用电设备时，其电源应当须从固定分路配电箱内引出。

⑦电动机应设置短路、过载、失压保护装置。各种电器设备的金属外壳和金属隔离装置，必须接地或接零保护；门式起重机、装卸桥的轨道至少应当有 2 处接地。

⑧秸秆燃料堆场内作业结束后，应拉闸断电（不含消防供电）。秸秆燃料堆场使用的电器设备，必须由持有安全操作证的电工负责安装、检查和维护。

⑨消防用电设备应采用单独的供电回路，并在发生火灾切断生产、生活用电时仍能保证消防用电。

（2）避雷设施。

①秸秆燃料堆场应当设置避雷装置，确保整个堆垛全部处于保护范围内。

②避雷装置的冲击接地电阻应不大于 10 欧姆；避雷装置与堆垛、电器设备、地下电缆等要保持 3 米以上距离。

③避雷装置的支架上严禁架设电线。

（3）消防设施。

①秸秆燃料堆场应按照有关规定设置消防设施，配备消防器材，并放置在标志明显、便于取用的地点，由专人保管和维修。寒区秸秆燃料堆场的消防水池、消火栓、灭火器，在寒冷季节应采取防冻措施。

②秸秆燃料堆场消防用水可以由消防管网、天然水源、消防水池、水塔等供给。有条件的，宜设置高压式或临时高压给水系统。

③消防给水管道、消火栓、消防水池的布置应符合《建筑设计防火规范》的有关规定。

④利用天然水源供给消防用水时，应确保枯水期最低水位消防用水的可靠性。一般吸水点不少于 2 处，储量大的秸秆燃料堆场，吸水点不少于 4 处，且至少能同时停靠 2 辆消

防车。

⑤秸秆燃料堆场区消防车通道的宽度应不小于 6 米；通道上空遇有管架、栈桥等障碍物时，其净高应不小于 4 米。

⑥每个堆场的总储量超过 5000 吨时，需设置环形消防车道或四周设置宽度不小于 6 米且能供消防车通行的平坦空地。

⑦秸秆燃料堆场每个占地面积超过 25000 平方米时，需增设与环形消防车道相通的中间纵横消防车道，其间距不超过 150 米。

⑧环形消防车道应至少有 2 处与其他车道连通；尽头式消防车道应设回车道或面积不小于 15 米×15 米的回车场。

⑨消防车道下的管道和暗沟，必须能承受通行消防车的压力。

（4）运输设施。

①秸秆运输车辆的车型无特定规定，但车辆尺寸不得超过 14 米×3. 5 米，装载全高不得超过 4 米，装载总重不得超过 50 吨。推荐采用 13 米运输车辆。

②建议配备电子汽车衡，用于秸秆运输车辆的称重及重量统计。称重重量不低于 50 吨，称重分度不高于 20 千克，静态精度至少应达到Ⅲ级。

③秸秆运输车辆进入秸秆燃料堆场时，易产生火花的部位要加装防护装置，排气管必须安装性能良好的防火帽；严禁机动车在秸秆燃料堆场内加油。

④常年在秸秆燃料堆场内进行装卸作业的车辆要经常清理防火帽内的积炭，确保其性能安全可靠。

⑤场内装卸作业结束后，所有车辆不准在秸秆燃料堆场内停留、或保养维修；发生故障的车辆应拖出场外修理。

（二）储存场地管理

1. 捆型秸秆的储存

（1）对准备码垛存放的秸秆燃料要严格控制水分。码垛时，稻草、麦秸、玉米秆的含水量不应超过 20%，并做好记录。

（2）秸秆堆垛的长边应与当地常年主导风向平行。

（3）秸秆燃料堆场每个总储量不得超过 20000 吨。垛顶披檐到结顶应有滚水坡度。堆垛储量、规格及间距应符合规定。

（4）水稻稻秆、小麦稻秆等易发生自燃的原料，堆垛时需留有通风口或散热洞、散热沟，并应采取防止通风口、散热洞塌陷的措施。发现堆垛出现凹陷变形或有异味时，应立即拆垛检查，并清除霉烂变质的原料。料棚的长、宽和高要符合国家相关标准的有关规定，同时需满足相关作业机械的作业高度和安全作业范围要求。料棚地面应进行硬化处理，强度应保证机械作业强度要求，且不易损坏。为保证捆型稻秆在储存过程中散失的水蒸气和挥发分的及时排除，料棚应采用敞开式结构，满足通风通畅要求；秸秆捆与料棚顶部内表面需保持一定的距离。料棚的面积、防火等级、防火间距及疏散要求应符合国家标准《建筑设计防火规范》。料棚地面水平应高于其外围自然地表水平，防止雨水或洪水等漫过仓库地面导致秸秆吸水，致使秸秆发霉变质，影响品质；仓库屋顶外缘与秸秆堆外缘应有一定距离，减少雨水对秸秆的浸湿，同时要保证仓库屋顶不漏水。此外，料棚还应设置防雷装置。

2. 散料堆垛管理

（1）垛号。

当棉秆在料场卸载、堆积成垛后，料场管理人员应对每个垛进行编号，并在堆垛上悬挂号码牌。号码牌上应记录垛号、品种、尺寸、重量、温度、堆垛日期及责任人等信息，以便日后管理。

（2）垛排列。

稻秆堆垛的长边应与当地常年主导风向平行。不同列的垛沿盛行风方向应相互错落放置，列与列之间应留有 10 米的消防通道，垛与垛之间也应留有 8~10 米的间距，以在发生火灾时减少损失。

（3）堆垛的重量。

料场管理人员可通过测量棉秆垛的垛长、垛宽、垛高，结合棉秆容重 175~200 千克/立方米估算出棉秆垛的重量，从而合理安排稻秆上料情况。

（4）棉秆堆垛温度监测及处理方式。

堆垛时，需在棉秆垛主体的内部均匀地布置温度测点，放入镀锌钢管，管口直径 100~150 mm，长 300~500 mm，钢管管壁均匀地打孔，并在钢管内放入温度传感器。当棉秆含水率≤25%时，一般每隔 10 米布置一个温度点；当棉秆含水率≥25%时，一般每隔 5~6 米布置一个温度测点，以达到温度的实时监测。料场管理人员每天应做好温度的定时监测记录。当温度上升到 50 ℃~60 ℃时，要采取预防措施；当温度>60 ℃时，应立即用铲车拆散堆垛散热，并做好灭火准备。

三、农作物秸秆的干燥处理

在收获季节，农作物秸秆的初始含水量较高，如玉米秸秆的初始含水量通常在 50%以上，若长时间储存，极易引起秸秆变质。尤其在东北地区，玉米收获后由于气候原因，玉米秸秆水分很难蒸发，因此，干燥问题就成为秸秆大规模工业化利用的关键。

（一）原料的干燥机理与特性

干燥通常指利用热能使物料中的水分汽化，并将产生的蒸汽排除的过程。其本质是将秸秆中的水分从固相转移到气相的过程——其中，固相为被干燥的秸秆，气相为干燥介质。干燥技术的机理涉及传热学、传质学、流体力学、工程热力学、物料学、机械学等学科，是典型的多学科交叉技术领域。

影响秸秆干燥的主要因素有以下几个：

第一，热能。在原料干燥过程中，必须提供充足的热能使原料中的水分蒸发。自然界中，热能来源于太阳能。在干燥设备内，热能主要来源于电能、机械能等。

第二，介质。在原料的干燥过程中，必须具有能够把产生的水分带走的因子，即介质。自然界中，干燥且流动的空气（风力）即为干燥介质。在干燥设备内，干燥的热空气、蒸汽、热辐射等均为干燥介质。为了将原料中蒸发出来的水分带走，需配备抽风设备。

对于生物质固体成型技术而言，原料的含水率很重要。若含水率过高，在加工过程中，由于原料温度升高，体积突然膨胀，易发生爆炸，造成事故；若含水率过低，会使分子间的范德瓦尔斯力降低，难以成型。因此，秸秆固体成型原料需要经干燥处理，并严格控制含水率。生产试验结果表明，较理想的含水率为10%~18%。通过干燥加工作业，可使原料的含水率降低到成型所要求的范围内。

第三，农作物秸秆的收获时间比较集中，且数量较大，不能久存。粉碎后的秸秆易产生大量的粉尘。为了减少废气中的粉尘含量，干燥所用热气流的流速不宜过大。

第四，农作物秸秆原料挥发分含量较高，易分解，干燥过程中自身温度不能超过150 ℃，且干品易燃。在正常大气条件下，玉米秸秆的平衡含水率低于10%即可满足能源化要求，因此干燥后的最终含水率可略高于利用所需含水率。

（二）干燥方法与设备

干燥的主要目的是调节的原料含水率，使其稳定均一，以适应秸秆能源化利用需求。例如，在秸秆固体成型过程中，合适的水分一方面能传递压轮压力，另一方面能起到润滑的作用，辅助粒子互相填充，从而促进原料成型。但含水率过大时，水分容易在颗粒之间形成隔离层，使得层间无法紧密结合，挤出的颗粒容易膨胀散开，不能成型，因此，在加工过程中控制合适的原料含水率尤为重要。

依据是否使用热源，可将秸秆干燥技术分为自然干燥和人工干燥两种。

1. 自然干燥

自然干燥是指利用空气流通或太阳能对农作物秸秆进行干燥的方法。例如，将农作物秸秆在打捆、收集前可先遗留在农田内，日光下晾晒一段时间可以降低含水率。玉米收获后，秸秆经人工砍倒在间晾晒，利用空气流通进行自然风干。在华北一年两熟地区，玉米秸秆收获后3~5天即能干燥，达到利用要求。但在东北地区，由于农作物收获后气温较低，有时会有雨雪天气，因此不宜采用自然干燥。

太阳能干燥技术已较为成熟，完全可通过太阳能温室配以翻抛设备对秸秆进行除湿，秸秆的干燥，一般要求温度水平较低（40℃~70 ℃），这与太阳能的低温利用相适应。与传统干燥工艺相比，它可以大量节省常规能源、降低固定投资、经济效益显著。太阳能干燥棚包括棚顶卷帘小车装置、拨料装置、送风装置等，同时地面上装有刮板系统，通过液压能够带动刮板，将物料从南向北慢慢移动，干燥后的物料将堆积在最北侧，然后通过输送带直接输送到喂料口，送风装置中设置有进气孔、隔板和出气孔，棚外通风管内设置有出气阀门，地下通风管内设置有进气阀门，以保证通风。该太阳能干燥棚不耗能、无污染，烘晒农作物不受天气变化的影响，且结构简单，成本低，易于推广。

由于自然干燥无须额外能源，因此是一种比较经济的干燥方式，但自然干燥易受自然气候条件的制约，尤其是在恶劣天气条件（如阴天、暴风雨）下，有可能出现适得其反的效果，且存在劳动强度大、效率低的问题。

2. 人工干燥

人工干燥是利用一定的干燥设备和热源对秸秆进行干燥的方法。常规干燥可以采用回转圆筒式干燥机、立式气流干燥机、流化床干燥机和箱式干燥机等干燥设备，热源一般采用热烟气或水蒸气。

人工干燥不受气候条件的影响，并可缩短干燥时间，但成本较高，一般应用于高附加值生物质的烘干过程。

下面介绍几种常用的干燥机：

（1）回转圆筒式干燥机。

其工作原理为：高湿物料进入干燥器内，物料被转动的筒壁上的抄板抄起至顶部落下，下落的过程中经过破碎装置的打击破碎。大块物料在反复抄起落下的过程中，不断被打碎为小颗粒，同时热风从物料表面穿过进行传热和传质，直至变成干燥细小的颗粒，达到水分排出标准；细粉由收尘装置收集，其热风温度可达 700 ℃。在干燥过程中，物料在带有倾斜度的抄板和热气流的作用下，可调控地运动至干燥机另一端，由星形卸料阀排出成品。

回转圆筒式干燥机主要由回转体、扬料板、传动装置、支撑装置及密封圈等部件组成。干燥机是一个与水平方向略成倾斜的圆筒，物料从较高的一端加入，高温热烟气与物料并流进入筒体，随着筒体转动，物料运行到较低一端。在圆筒内壁上的抄板把物料抄起又洒下，使物料与气流的接触表面增大，以提高干燥速率并推动物料前行。干燥后的产品从底端下部收集。

其产品特点是：转筒干燥机机械化程度高，生产能力较大；流体通过筒体阻力小，功耗低；对物料特性的适应性比较强；操作稳定、操作费用较低，产品干燥均匀性好。其缺点为：设备比较复杂、体积庞大、一次性投资多、占地面积大等。

（2）流化床干燥机。

流化床干燥机于 20 世纪 60 年代发展起来，适用于各种粉粒状物料的干燥，目前已在化工、轻工、医药、食品以及建材工业等领域广泛应用。干燥过程中固体颗粒悬浮于干燥介质中，因而热流体与被干燥的固体接触面积很大，又由于物料剧烈搅动，极大地减少了气膜阻力，因此干燥强度大。流化床干燥装置密封性能好，传动机械不接触物料，不会有杂质混入，这对制药、食品等对纯洁度要求较高的工业领域而言尤为重要。

流化床干燥机工作原理是：由振动电机产生激振力使机器振动，物料在给定方向的激振力的作用下跳跃前进，同时床底输入热风使物料处于流化状态，物料颗粒与热风充分接触，进行剧烈的传热传质过程，此时热效率达到最高。设备上腔处于微负压状态，湿空气由引风机引出，干料由排料口排出，从而达到理想的干燥效果。其主要特点是，振动使物料易达流化状态，增大了有效传热系数，故热效率高；床层温度分布均匀，无局部过热现象；流化均匀，无死角及吹穿现象；振动起输送作用，也有利于节能，比一般干燥装置可节能 30%～60%。

四、农作物秸秆的粉碎

秸秆种类多样、分布分散且季节性强，收集储运难度大，这已成为制约产业发展的瓶颈。现阶段，我国农林生物质收集储运技术装备整体水平较低，一些关键技术环节还是空白，不能满足生物质规模化工业利用生产的收储运需求。

（一）原理与方法

粉碎是利用机械的方法克服固体物料内部的凝聚力而将其分裂的一种工艺，即通过机械力将物料由大块破碎成小块。粉碎常用的方法有击碎、磨碎、压碎与锯切等。

1. 击碎

利用安装在粉碎室内的多片高速回转锤片对原料进行撞击使其破碎，采用该方法的设备有锤片式粉碎机和齿爪式粉碎机。

2. 磨碎

利用两个磨盘上带齿槽的坚硬表面，对原料进行切削和摩擦使其破裂。两磨盘通过正压力压榨原料颗粒，且因存在相对运动对原料产生摩擦作用。工作面可做成圆盘形或圆锥形。该方法仅用于加工干燥而不含油的原料。它可以磨碎成各种粒度的成品，但成品中含有大量的粉末，且原料温度较高。钢磨的制造成本较低，所需动力较小，但成品中含铁量偏高，目前应用较少。

3. 压碎

利用两个表面光滑的压辊以相同的速度相对转动，被加工的原料在压力和工作表面摩擦力的作用下破碎。该方法不能充分地粉碎原料，应用范围较窄。

4. 锯切

利用两个表面有齿且转速不同的对辊对原料进行锯切。工作面上有锐利切削角的对辊，特别适用于制作面粉、粉碎谷物原料和颗粒碎料，可获得各种不同粒度的产品，产生的粉末也较少。由于工作时易出现堵塞或导致原料发热，所以不适宜用来粉碎含油和湿度大于18%的物料。这类粉碎机称为对辊粉碎机或滚式磨。

选择物料的粉碎方法时，首先要考虑被粉碎物料的物理力学性能。对于特别坚硬的物料，击碎和压碎方法很有效；对于韧性物料用研磨为好；对于脆性物料以锯切、裂劈为宜；对于含纤维多的物料以盘式磨为好。

（二）工艺流程

粉碎是农作物秸秆能源化利用，尤其是固体燃料成型前对原料的基本处理环节，也是能源化利用技术中最重要的工序之一。粉碎质量的好坏直接影响成型产品的质量、产量、电耗和成本等。

粉碎工艺流程主要包括粉碎、输送、调质等，按原料粉碎次数可分为一次粉碎工艺和二次粉碎工艺。

1. 一次粉碎工艺流程

一次粉碎是指用粉碎机将原料一次粉碎成可供成型用的粉料。该工艺简单，设备少，是一种常用的工艺。其优点是：因粉碎单一品种物料，粉碎机工作负荷满、稳定，粉碎机具有良好的利用特性和最佳粉碎效率。

该工艺在粉碎工序之后配备配料仓，配料仓不仅能在生产过程中起到缓冲作用，而且可以短期维修粉碎前（含粉碎机）的工艺设备，从而充分发挥所有设备潜力，且不会影响生产。

该工艺使得粉碎机易操作、管理方便。例如，由于按单一品种原料进行粉碎，流动性好、不易结拱，并易将喂入量控制在较稳定的范围内，管理工作也较简单。

一次粉碎工艺的主要缺点是成品粒度不均、电耗较高。

2. 二次粉碎工艺

二次粉碎工艺是在第一次粉碎后，对粉碎物料进行筛分，对粗粒再进行一次粉碎的工艺。该工艺的成品粒度一致，产量高，并可节省能耗。其不足是增加分级筛、提升机、粉碎机等设备，使建厂投资增加。二次粉碎工艺又可分为单一循环粉碎工艺、阶段二次粉碎工艺和组合粉碎工艺。

单一循环粉碎工艺是用一台粉碎机将原料粉碎后进行筛分，将筛出的粗粒再送回粉碎机进行粉碎的工艺。试验表明，该工艺与一次粉碎工艺相比，粉碎电耗节省30%~40%，粉碎机单产提高30%~60%。因粉碎机采用大筛孔的筛片，故可减少重复过度粉碎，因此产量高，电耗小，设备投资也较省。

阶段二次粉碎工艺是指：经第一台粉碎机粉碎的物料进入筛孔规格分别为4 mm、3.15 mm、2.5 mm的多层分级筛，筛出符合粒度要求的物料进入输送设备，其余的筛上物全部进入第二台粉碎机进行第二次粉碎，粉碎后全部进入输送设备。

组合粉碎工艺是指：用对辊粉碎机进行第一次粉碎，经分级筛后，筛上物进入锤片粉碎机进行第二次粉碎。二次粉碎采用锤片式粉碎机原因是：对辊粉碎机对秸秆等纤维含量高的物料粉碎效果不好，而锤片式粉碎机更易粉碎这些物料。因辊式粉碎机具有粉碎时间短、温度低、产量大、能耗省的特点，它与锤片粉碎机配合使用能取得良好的效果。

在秸秆成型过程中，粒度小的原料容易成型，粒度大的原料较难成型。在相同的压力下，原料的粒径越小，其变形率越大，越容易变形。例如，在颗粒成型过程中，粒度过大的原料必须在成型机内碾碎以后才能进入成型孔，从而导致成型机能耗增大，产量降低。

秸秆等生物质原料大多具有细长纤维结构，表皮有蜡质层，含水率略高时韧性较大，如果直接用锤片粉碎机粉碎，能耗大，生产率低。因此，玉米秸秆成型工艺路线中，在原料进入锤片粉碎机之前，首先进行粗粉碎然后进行细粉碎，即选用二次粉碎中的组合粉碎工艺，用秸秆揉搓机进行第一次揉搓粉碎，可将细长的纤维物料加工成为略短的物料，最大尺寸小于 15 mm，这时的物料能够用于加工块状燃料；如果要加工颗粒燃料，物料将被输送至锤片粉碎机进行第二次粉碎，该工艺可达到粒度均匀、降低能耗的效果。

（三）粉碎机及其他粗加工机具

锤片式粉碎机工作时，原料从喂料口进入粉碎室，粉碎室由装有锤片、固定在主轴上的转子，以及转子外围的齿板或筛片组成。电机与转子一般采用直联传动，物料在进入锤片和筛片的间隙后，在悬空状态下被一定线速运转的锤片强烈打击，成为若干碎粒，物料在锤片运动的圆形轨迹的切线方向撞击在筛片或齿板上，部分碎粒穿过筛孔，排出机外为合格物料；不合格的物料回弹，再受锤片打击，如此往复即可达到粉碎目的。

目前，锤片粉碎机有多种类型，按进料方向可分为切向喂入式、轴向喂入式和径向（顶部）喂入式三种。

1. 切向喂入式粉碎机

切向喂入式粉碎机型是一种通用型粉碎机，由切线方向喂入物料，上机体上安有齿板，筛片包角一般为 180°，粉碎谷粒、油饼粒、秸秆等各种物料，常附有卸料用的集料筒和风机，广泛用于农村及小型物料粉碎加工企业中。

2. 轴向喂入式粉碎机

该机型多为自吸喂入式（靠转子内安装的四个叶片起风机作用），转子周围有包角为 360°的筛片（环筛或水滴形筛）。这类粉碎机在进料斗与机壳衔接处装有动刀和定刀，秸秆物料进入粉碎室时先被切成碎段，便于加工秸秆物料。

3. 径向（顶部）喂入式粉碎机

该机型的特点是整个机体左右对称，转子可正反转工作。当锤片一侧磨损后，可改变进料口的进料导向机构，以改变物料喂料方向，同时改变转子旋转方向，不需停车拆卸即可实现锤片倒换；筛片包角较大（约 300°），有利于出料；进出料口可与外界隔绝，便于自动控制生产过程，多用于大、中型物料粉碎厂。其缺点是只能用于粒料的粉碎。

按某些部件的结构变异，锤片粉碎机可分为两种类型：水滴形粉碎室式粉碎机和无筛式粉碎机。

1. 水滴形粉碎室式粉碎机

水滴形粉碎室可以破坏影响筛理能力的环流层，从而提高粉碎效率，降低能耗。按结构的不同，它可分为全筛式和部分齿板式两类：部分齿板式仅包裹 270°的筛片，其余的上部直线部分为齿板。水滴粉碎机的生产能力为 3~4 t/h，它具有内藏式转子结构，水滴形安装形式，粉碎室振动，物料出筛畅通，设计科学、合理，消耗配件少等优点。上部采用叶轮式喂料器喂料，通过主机电流的反馈控制可实现喂料量的自动控制。转子的锤片为真空熔焊硬质合金锤片，采用对称平衡排列。每副寿命可达 900~1 000 t。粉碎室下部中央设有底槽，可经受锤片打击拽引的料层重新翻动分层、打击粉碎，可提高粉碎机的过筛能力和产量。电机和粉碎机安装于同一底座。底座下装有万能减震垫。

水滴粉碎机的主要特点有：①水滴形粉碎室可破坏物料的环流层，提高粉碎效率；②底部的底槽有再粉碎作用；③采用双孔筛配置，同一筛片上的不同部位筛孔直径不同，有利于及时出料；④门盖上设有调风板，便于清理筛片；叶轮式喂料器上的调风板可调节喂料进风量；⑤快启式检修门，锁紧快速可靠，维修方便；⑥快启式压筛机构，更换筛片快速，压紧可靠；⑦底座用厚钢板焊接，整体刚性好，振动小，噪声低；⑧采用自控叶轮式喂料器可实现喂料的自动控制，确保粉碎机在额定负荷下作业。

2. 无筛式粉碎机

无筛粉碎机特点是：在机体内粉碎室与风机之间设置一个由定盘、动盘、挡料环、调节手柄组成的粒度分级装置，通过转动机体外两个调节手柄，即可改变两盘间隙，使成品粒度实现无级调节。它不但适用于对成品粒度要求较细（80 目以上）的物料加工，也可用于对成品粒度要求较粗的饲料加工，扩大了其适用范围。与同类型无筛粉碎机相比，该机型不但功效高、耗电低，而且大幅度地降低了造价，减少了占地面积。无筛粉碎机结构简单新颖、经济实用，是当前粉碎加工机械中较为理想的新机型。

除锤片式粉碎机外，目前秸秆粗加工机具还包括铡草机、揉搓机和揉切机等。

1. 铡草机

国内市场上广泛使用的铡草机，无论是圆盘式还是滚筒式，多为 20 世纪 50 年代定型的产品。常用的圆盘式铡草机的工作原理是：秸秆物料喂入工作室后，由旋转的动刀盘配合固定底刀将秸秆切成碎段。这类加工机具具有机型简单、功耗低、生产率较高等特点。但经铡草机侧切的秸秆多为 2~8 cm 长的节段，秸秆茎节未被破碎，这在一定程度上会影响细粉碎机的作业效率。

2. 揉搓机

秸秆揉搓机是我国于 20 世纪 80 年代末自行研制成功的一种机型，其核心部件是高速旋转的转盘上的锤片。作业时，高速旋转的转盘带动锤片不断撞击由径向喂入的秸秆，同时机器凹板上装有变高度齿板和定刀，斜齿呈螺旋走向，对秸秆进行搓擦和粉碎。经过揉搓后的物料茎节结构被破碎。这种揉搓机主要存在适应性差的问题，不适用于高湿或韧性大的物料。

3. 揉切机

秸秆揉切机是中国农业大学自行研制的一种机型，其核心部件是动刀和组合定刀。工作时，秸秆物料进入工作室后，首先受到高速旋转的动刀片的无支承切割，落到动刀与定刀之间的秸秆，以及由于随动刀旋转而被甩到定刀处的秸秆，都将受到动、定刀的剪切。与此同时，已切断的秸秆以及一部分尚未切断的秸秆在动、定刀之间以及动刀与工作室侧壁之间碰撞产生揉搓，从而碎裂。该机型的喂入能力和生产率均有提高；通过轴向喂入设计，提高了对高湿、强韧性物料的适应性。它适用于青干玉米秸、稻草、麦秸以及多种青绿物料的揉切加工，特别是对于多湿、韧性强等难加工物料（如芦苇、荆条等）也有很强的适应性。

（四）评定与选用

1. 选择合适的类型

选型时首先应考虑所购进的粉碎机是粉碎何种原料的。以粉碎谷物饲料为主的，可选择顶部进料的锤片式粉碎机；以粉碎糠麸、谷麦类饲料为主的，可选择爪式粉碎机；若要求通用性好（如以粉碎谷物为主，兼顾饼谷和秸秆），则可选择切向进料锤片式粉碎机；如用作预混合饲料的前处理，要求产品粉碎的粒度很细又可根据需要进行调节的，应选用特种无筛式粉碎机等。

选型还应考虑到实际生产的需要，目前的系列，通过粉碎室宽度及配套功率的改变，基本上可以满足2.5 t/h、5 t/h、10 t/h粉碎规模的需要。若产量更大时，可配备两台粉碎机。

2. 选择合适的生产率

在农作物秸秆能源化利用过程中，粉碎工段中的粉碎机作为主机，其生产率应与成套设备的生产率配套或稍有富余。

一般粉碎机的说明书和铭牌上，都载有粉碎机的额定生产能力（kg/h）。选择时要注意以下两点：①所载额定生产能力，一般是以粉碎玉米、含水量为储存安全水分（约13%）和1.2 mm孔径筛片状态下的台时产量为准，因为玉米是常用的谷物饲料，ϕ1.2 mm孔径的筛片是常用的最小筛孔；②选定粉碎机的生产能力略大于实际需要的生产能力，避免因锤片磨损、风道漏风导致粉碎机的生产能力下降，影响饲料的连续生产与供应。

3. 选择合适的排料方式

秸秆粉碎机粉碎后的成品，通过排料装置输出的方式有三种：自重落料、负压吸送和机械输送。小型秸秆粉碎机单机多采用自重下料方式以简化结构；中型秸秆粉碎机大多配备负压吸送装置，其优点是可以吸走成品的水分，降低成品中的湿度以利于储存，提高粉碎效率10%~15%，降低粉碎室的扬尘度。排料方式的选择需要根据日产量、粉碎需求等多方面加以考虑。

4. 合理使用粉碎机

合理使用粉碎机包括很多方面，如正确安装、操作、维护、更换易损零部件等。

（1）安装。

锤片粉碎机应安装在室外或一楼单独的隔声房间里，并浇筑好混凝土基础；中、大型粉碎机应安有匹配的减震器；对辊式粉碎机应该在基础上再铺以20 mm木板或10~20 mm胶皮，以减少振动的噪声，保证粉碎机工作的平稳。

（2）使用。

应注意粉碎机的负荷。由于粉碎机对供料量很敏感，应时常注意粉碎机的负荷电流，适当调节喂入量，最好采用调频自选供料量。

（3）及时掉头或更换锤片和筛片。

锤片磨损后应及时掉头或更换，不可过度磨损后才调换，否则会因磨损不均引起粉碎机转子不平衡，产生较大的振动；筛片也易磨损，应当及时更换。安装时应将带毛刺的一面朝内，光滑的一面朝外，并将筛道贴严，防止漏料。

选择秸秆粉碎机时还要注意加工中的粉尘和噪声，如果选用了噪声和粉尘高的粉碎机应采取消音及防尘措施，以改善工作环境，保证操作人员的身体健康。

第三章　秸秆的燃烧与发电技术

第一节　省柴灶

现阶段，由于全社会更加关注生物质能的开发与利用，更加注重农村室内空气污染控制，因此一些科研单位和生产企业开始自主研发生产以农作物秸秆、林业废弃物等为原料的颗粒燃料、块状燃料和棒状燃料等，并研发与之相配套使用的生物质炉具以及炊事、取暖用具。在研发与推广应用过程中，更加注重炉具的多功能性（既可用于炊事、取暖，又可作为烤箱或壁炉等）、自动化控制水平（可自动显示温度、自动供料）以及装饰美观度。

省柴灶根据薪柴燃烧和热量传递的科学原理，对旧式柴灶的炉膛、锅壁与灶膛之间相对距离及吊火高度、烟道和通风等设计进行了改造，并增设保温措施和余热利用装置等，使其结构更合理，燃料燃烧更充分，热效率可提升至20%以上。省柴灶的特点是省燃料、省时间、使用方便、安全卫生。

在我国农村，各地根据生活习惯、传统文化和经济条件，分布有许多类型的省柴灶。按照建造方式，可分为手工砌筑灶和商品化灶；按炉灶通风助燃方式，可分为自拉风灶和强制通风灶；按炉灶烟囱和灶门相对位置的不同，可分为前拉风灶和后拉风灶；按炉灶锅的数目分为单、双、多锅灶；按使用燃料的种类可分为以薪柴为主的硬柴炉灶、以秸秆为主的软柴炉灶、兼烧薪柴和秸秆的两用炉灶以及使用牲畜粪便的炉灶。

一、省柴灶的基本结构

省柴灶主要由灶体、进风道、炉箅、灶膛、灶门、烟囱等部分组成。各部分的作用如下。

（一）灶体

省柴灶的外部轮廓由灶体确定，安放锅具及其他部件的骨架，可作为炊事操作的工作台面。

（二）进风道

进风道是指炉栅以下的空间，它的作用是向灶膛内适量进风，供氧助燃，并起储存灰渣以及预热进入灶膛的空气。

（三）炉箅

炉箅可排除余灰，并使新鲜空气均匀地进入灶膛与可燃物均匀混合，促进燃料完全燃烧。

（四）灶膛

灶膛是灶的关键部位，它的作用是容纳燃料，使燃料充分燃烧，同时将火力集中到锅底，提高热效率。灶膛结构中需考虑吊火距离、燃烧室大小、拦火圈大小、回烟道、出烟口以及二次进风管等参数。

（五）灶门

灶门用于添加燃料和观察燃烧情况。

（六）烟囱

烟囱具有一定的抽力，可以保证燃烧室内空气供应充足；灶膛中燃料在燃烧过程中产生的废气也可通过烟道和烟囱排放至大气中。

余热利用是提高炉灶综合热效率的有效措施。利用方法主要包括一灶双锅、多锅的连锅灶及在灶膛、回出烟道中安装水箱和水管。

二、省柴灶的节能原理

灶是广大农户生活炊事的主要设施，目前多用砖和土坯垒砌而成。旧式灶因沿袭传统的垒砌方式，存在结构不合理、燃烧不完全、保温性能差等问题。其主要缺点可归纳为“两大”（灶门大、炉膛大）、“两无”（无烟囱、无炉箅）、“一高”（吊火高，一般在 30 cm 以上）。这类灶的热能利用率极低，有的只有 10%左右，造成燃料的极大浪费。如果在各部结构上科学地加以调整，就可使灶的热能利用率大幅度提高，因此，以推广省柴灶是一种简便易行、见效快、节能效果显著的措施。省柴灶针对旧式柴灶的缺点进行了改进，通过优化燃烧室设计，保证燃料的完全燃烧；加强炉体保温，减少了散热损失；延长了烟气在炉膛的滞留时间和扰动，加强了热烟气与锅底的换热，有效地节约了能源，从而达到了节柴、卫生、方便等目的，具体如下：

（1）合理设计燃烧室。在燃烧室上部与锅之间增设拦火装置，控制烟气流动方向与流速，延长可燃气在灶内的滞留时间，增加辐射和对流换热，提高热效率；合理设计出烟口的位置和面积；安装二次进风管，促进燃烧更充分。

（2）合理选择吊火高度。炉箅平面到锅脐之间的距离称为吊火高度。吊火高度是省柴灶的一个重要技术指标，它直接影响了灶内的热性能和用户的使用效果。日常生活中，用户往往在烧火的同时要兼做其他事情，然而过低的吊火高度，势必造成使用上的麻烦，影响省柴灶的推广和巩固。所以，选择适合的吊火高度，对省柴灶的巩固和提高有着重要的意义。旧式灶的一大缺点，就是吊火高度过大，尽管使用方便，但柴草浪费很严重。如果吊火高度过低，添柴次数就必然过勤，给用户带来麻烦。如果柴草一次添得过多，又会影响省柴灶的通风助燃，造成燃料燃烧不充分，出现熄火和倒烟现象，使用户认为省柴灶不好烧、不好用，不愿接受，甚至出现“前改后扒”的情况。因此，吊火高度的确定既要考虑灶的热效率，又要注意使用方便。实践证明，烧柴灶的吊火高度以 140~160 mm 为最佳。

（3）适当缩小炉门，通过控制进风量，减少过量空气系数，提高燃烧温度，改善燃烧气氛。

（4）增设炉箅，使空气通过炉箅的缝隙进入炉膛与燃料均匀混合，燃料充分燃烧；炉箅缝隙的间距根据燃料种类确定，烧草的间隙以 12~18 mm 为宜，烧柴的则以 7~9 mm 为宜。

（5）增设烟囱或改进烟囱位置，使排烟顺畅，防止烟气扩散至室内，造成室内空气环境污染。

三、省柴灶施工

省柴灶能否推广，关键在于砌灶质量能否保证。根据各地经验，省柴灶主要按下列方法进行施工。

第一，选好灶址。灶要选在光线明亮、使用方便的地方；占地面积要小；灶门口最好不要直对门。具体应根据锅的大小、间墙进烟口的位置及厨房布局要求综合考虑。原间墙留的灶喉眼如果尺寸、高低都不合适，则要先进行修整。砌前要先量好铁锅的直径尺寸，要求大锅与间墙或其他靠近的墙体必须保持 100 mm 以上的距离，然后考虑砌通风道的位置。灶体外形放线、灶体位置均会直接影响燃烧效果、使用效果和美观度。

第二，因锅定灶。根据锅的大小、深浅初步确定灶的尺寸后，计算砖、水泥、石灰等用量，再放样定位。

省柴灶的施工分为内部施工和外部施工两个阶段。

（一）内部施工

1. 砌进风道

省柴灶下部的通风道在砌筑横向通风道（指与火炕横向）时，通风道的中心线先按与间墙留出一横砖宽后，取锅直径的中心线再向外（指间墙）移动 30~50 mm 即可放线，以防烧火偏心。砌筑顺向通风道（与火炕长度方向一致）时，只要通风道的中心线与锅的中心线在同一位置即可。通风道在砌筑时要先按要求挖好坑，量好尺寸，通风道的底部要夯实，再用砖、石片、水泥处理好，两侧可砌成垂直形或梯形；其长度可根据锅台的大小来确定，但灶体外侧必须留出 250~300 mm 长的清灰口；通风道的宽度为 220~250 mm，深度为 300 mm 以上。风道的高度和宽度均取锅径的 1/4 左右，纵深与炉箅里端平齐；底部砌成斜坡式；进风道内壁应平滑无缝，以减少进风阻力。

2. 安装炉箅

炉箅是燃料燃烧供氧的窗口。通风道的空气穿过炉箅进入燃烧层，因此炉箅的大小、通风状况，会直接影响燃烧效果。合理设计炉箅尺寸是很重要的。根据经验确定炉箅和锅的面积比为 1∶6（大锅）~1∶8（小锅）。炉箅的空隙与炉条总面积之比应按所烧燃料确定：烧稻草的大灶炉箅的有效面积为 75%；烧玉米秸秆、高粱秸秆的大灶炉箅的有效面积为 50%；烧枝柴和使用鼓风机烧碎煤的大灶炉箅的有效面积为 25%~30%。

炉箅在安装上主要考虑如何合乎流体规律，使空气流动阻力小而供给均匀，一般应根据烟囱抽力的大小和是否使用鼓风机确定。安装时，炉箅的中心先对准锅脐，再向大锅灶进烟口相反的方向从锅的中心错开 20~40 mm，可根据烟囱抽力的大小、距离远近灵活掌握，确保开锅中心保持在锅脐位置为宜。炉箅有平放法和斜放法（里低外高，相差 20~50 mm）两种。

炉箅在选用时，要根据常用燃料选定。烧稻草的大灶可选用缝宽为 12~18 mm 的炉箅，要求横放炉箅；烧玉米秸秆、高粱秸秆的大灶可选用缝宽为 10~12 mm 的炉箅；烧枝柴和使用鼓风机烧碎煤的大灶选用缝宽为 7~9 mm 的炉箅即可。

安装前，先在进风道上量出锅底中心线，以此为基准确定炉箅的偏移量和倾斜度；后拉风灶的炉箅安装位置以锅脐为中心，炉箅总长的 1/5~1/3 朝向烟囱，4/5~2/3 背向烟囱，炉箅的安装角度从外向里倾斜 12°左右；前拉风灶的炉箅可以平放。烧柴草的炉箅要横放于灶膛，这样可以减少柴草不完全燃烧的损失。烧煤灶的炉箅可顺放，以便清除灰渣。

3. 填加保温材料

炉箅放置好之后，需在其周围填加配制好的保温材料，边加边捣实。保温材料一般选用草木灰、锯末、煤灰等，有条件的可选用矿渣棉和珍珠岩等。

4. 抹制燃烧室

燃烧室是指炉箅上方到拦火圈之间的空间，它可以设计成各种几何形状，但总的原则是：形成合理的燃烧空间，既要有利于提高灶膛温度，也要有利于提高烟气的传热效率。燃烧室不宜太大，太大了则要保证灶膛温度，耗柴率就要提高，否则灶膛温度就不够；但也不宜太小，太小会使添柴次数过多，影响燃料燃烧放热。灶膛内壁要求光滑而无裂痕，在灶内距离喉眼较近、烟气易流经的一侧，应多抹一层泥；距离喉眼较远、烟气不易流经的一侧，可少抹一层泥。锅沿处要留出一定的空间，使灶膛的上口稍收敛，呈缸形为佳。燃烧室一般宽 120~140 mm，高 60~80 mm，其上口内缘与锅底之间留出 50~60 mm 的间隙。砌筑燃烧室可采用当地建材，如红砖、蓝瓦、混合泥等。

5. 砌拦火圈

拦火圈是燃烧室上部和锅壁之间的部位，其作用是调整火焰和烟气流动的方向，合理控制流速，提高热效率。拦火圈的施工在砌好灶体，抹制好燃烧室，充填保温层到燃烧室上端，并将填料腻实抹平之后进行。拦火圈可用黏土掺麻等材料制作，如煤灰50%、黄泥25%、水泥5%、头发或麻20%，加食用水少许混合；将搅拌好的硬泥抹成锅底或台阶形初坯，其厚度不低于4~5 cm；把铁锅放上去用力按压，并旋转几下，然后取出铁锅，对初坯进行修整。拦火圈与锅底的间隙要严格控制。靠出烟口方向预留0.5 cm，向两侧逐渐加大间隙，到出烟口对面2~4 cm处。

6. 砌回烟道和出烟口

回烟道的主要作用是增加高温烟气在锅底周围回旋的路程和时间。回烟道分为两种：一种是明烟道，即在拦火圈外壁与灶体内壁间砌成深30~40 mm、宽50~80 mm的烟道；另一种是暗烟道，砌在灶膛外面与灶体之间，一般深120 mm，宽130~140 mm。出烟口面积大于或等于炉箅有效通风面积，经验尺寸是：宽等于或稍大于灶门的宽度，高约等于或略大于灶门宽度的一半。出烟口应位于灶膛的最高处，其上沿低于锅台面30~40 mm。灶连炕需要砌进炕烟口，也称为灶喉眼，高为80~100 mm，宽为180~200 mm，里口炕内部分要随之增大一些，为扁宽喇叭形。由于进烟口是灶内烟气进入炕内流速最快的部位，因此要求内壁光滑、严密。间墙预留的进烟口不得小于或低于锅灶的进烟口。进烟口处要增设烟插板。进烟口的上沿过板要求厚度为20~30 mm。

（二）外部施工

1. 砌灶体

灶体主要起保温和承担锅台重量的作用。灶体内径大小等于燃烧室内径、燃烧室双边厚度与保温层厚度三者之和。灶体外表应做得整齐、面平，以利于粉刷。

2. 砌灶门

灶门的作用是添加燃料和观察燃烧情况，其位置应低于出烟口30~40 mm；若高于出烟口，会出现燎烟现象。一般农户的灶门高120 mm、宽140 mm，烧草的灶门可大一些，烧煤的灶门可小一些。为了防止热能从灶门散失掉，灶门上应安装可活动的带有观察孔的挡板。

3. 砌灶台

当炉箅与地面平行时，可根据锅的大小确定锅的垂直高度，再加上锅底到炉箅平面的高度（即吊火高度），就是锅台砌筑的高度。测定的锅台高度是指炉箅平面以上的尺寸，炉箅以下到地面的高度不计算在内，但要求锅台的水平面不能超过炕面板的底面。通常把灶台突出灶身40~80 mm，做成滴水边，既方便实用，又能美化灶形。砌灶台时还要注意内口留出30~40 mm用于制作锅边。

4. 抹锅边

锅边是紧贴并托起铁锅的结构，常用硬泥或混合泥做成。一般来说，大锅的锅边厚度为 250~300 mm，抹锅边为 200~250 mm，小锅、特小锅为 150~200 mm。抹锅边时，应边抹边用锅试，力求抹严、不跑气；锅沿超出灶面的高度要控制在 30 mm 以内，以此增大锅的受热面积。

5. 砌烟囱

烟囱具有一定的抽力，可以保证燃烧室内进入充足的空气，并将燃烧过程中产生的废气排放到大气中。户用炉灶的烟囱高度在 3 m 左右，出口内径为 120~180 mm。在烟囱的适当位置上要设置闸板，以控制调节烟囱的抽风量；在烟囱的基部要留掏灰孔。如果采用预制结构烟囱，内径不得小于 160 mm。一般情况下，烟囱应高出屋脊 0.5 m。

6. 粉刷

粉刷要在炉灶测试合格后进行。一般灶台面、出烟口等部位最好使用 1∶3 的水泥砂浆粉刷；灶台面如贴瓷砖，一般应在省柴灶的各种技术性能达到要求且灶体阴干后再进行。如贴瓷砖前，要事先按瓷砖的大小量好尺寸，并计算好锅台面的长、宽，否则，锅台面瓷砖贴好后会出现窄条现象。在做锅台面底活水泥麻面时，要注意在保证水平的基础上，使锅沿下边稍高，锅台里侧稍高，防止锅台瓷砖贴好后出现存水和低洼现象。同时，要注意对齐瓷砖的缝隙，表面要平整；瓷砖要提前浸泡，底部素灰要饱满。锅台瓷砖贴好后，七天内应尽量少烧火或不烧火，以保证瓷砖的牢固性。

四、省柴灶的常见问题及解决方法

省柴灶在使用过程中，可能会因为砌灶工艺和使用方法不当出现诸多问题。常见的问题有燎烟、倒烟、犯风等现象，各种问题出现的原因和解决方法具体如下：

（一）灶出现“燎烟”的原因及解决方法

1. 原因

（1）省柴灶添柴口过高。

（2）省柴灶进炕烟口过小。

（3）火炕堵塞或烟囱排烟不畅。

（4）灶膛处理不当或积灰过多，空隙过小。

2. 解决方法

（1）省柴灶的添柴口要求偏宽式设计，上沿高度应低于锅脐 20 mm 以上。

（2）省柴灶的进炕烟口要求尺寸不得小于 100 mm×200 mm（高×宽）的截面，进烟口的进炕部位两侧要有斜度，呈喇叭形；上沿进炕要有高度差或坡度。

（3）如果因长时间没扒炕或烟囱堵塞而造成的燎烟，要立即维修，排除故障。

（4）省柴灶的灶膛套形，要根据用户常用的燃料产生烟气和灰烬的多少考虑：烧稻草、玉米秸秆、高粱秸秆的灶膛应套得大一些；烧枝柴、煤的灶膛可套得小一些。

（二）灶出现“倒烟”的原因及解决方法

在无风时，炉灶往外冒烟严重而烟囱完全不排烟，尤其是夏天、伏天，有时甚至出现“黄烟满地爬”的情况，这种现象就叫作“倒烟”。

1. 原因

（1）火炕炕内结构复杂且存在堵塞；炕梢过湿，排烟不畅；烟囱潮湿、有潮气，冬季出现结冰、上霜、挂水现象；烟囱过细或局部过细，烟囱堵塞不畅通等。

（2）炕内温度低，伏天气压低，间断烧火造成。

2. 解决方法

（1）对旧式炕灶搭法结构复杂的进行改造：取消炕内的落灰膛、闷灶子、深炕洞等结构，排除炕内多余的砖块，采用新式科学高效的架空火炕的砌筑结构。

（2）若因炕内、炕梢、烟囱潮湿、上霜、间断烧火造成炕内温度低，以及夏季无风、伏天气压低等原因造成的锅灶倒烟，可在烟囱根部采用火烧法给烟囱加热，待烟囱内干燥后，炉灶即可好烧。

（三）灶出现“争嘴”的原因及解决方法

当火炕具备两个或两个以上炉灶的时候，点着其中一个炉灶，就会出现忽出忽进的冒烟或抽力小的现象，这种冒烟现象就叫作“争嘴”冒烟。

1. 原因

“争嘴”冒烟的原因在于有两个及以上炉灶喉眼的火炕，有时只点着一个炉灶，点火的炉灶喉眼进入炕内的是高温气体，没点火的炉灶喉眼进入炕内的是低温气体。冷热两股气体同时进入炕内，热轻冷重，温度较高的热烟气在上层，温度低的冷气流在下层，两股气流在炕头交换产生涡流，使炉灶出现忽出忽进的冒烟现象。此外，多喉眼火炕密封性较差，抽力分散而不集中，也会使点火炉灶的抽力必然减小。

2. 解决方法

（1）要把不点火的炉灶喉眼、焖灶口用物堵严或用插板插严，长时间不用的炉灶或焖灶要及时用砂泥或水泥灰浆抹严。

（2）可在炕头内两个炉灶喉眼的中间用砖或坯砌一道长 300~400 mm 的立砖墙体，避免两个炉灶喉眼进入的冷热气流在炕头交换，从而防止“争嘴”产生的冒烟现象。

（四）灶出现“犯风”的原因及解决方法

有风时，锅灶边着火有时突然往回冒烟，片刻后恢复正常，但又反复地出现该情况，这种现象就叫作“犯风”冒烟。

1. 原因

（1）锅灶、火炕、烟囱密闭不严，存在透风的地方。

（2）烟囱过矮，以及位置处于风向混乱的地方。

（3）受地形、建筑物、树木的影响。

2. 解决方法

（1）把炉灶、火炕、烟囱的透风之处抹严密，这样不仅防止透风，还能增加炉灶的抽力。

（2）烟囱过矮的要加高，使烟囱出口高于房脊 0.5 m 以上。

（3）烟囱处于风向混乱的地方，又因地形、建筑物、树木的影响造成的犯风冒烟，可做一个随风转的烟囱嘴或“工”字形、“丁”字形的烟囱帽。

（五）灶出现“打呛”的原因及解决方法

当炉灶、锅灶出现爆发式时响声，随之从炉盖或灶门喷出大量烟灰及火舌，炕面上下鼓动、崩裂，炕面砖有时立起时，这种现象称作炉灶“打呛”。

1. 原因

（1）炉灶、锅灶内放入油类及燃烧比较快的物体，使火爆发性燃烧而造成打呛。

（2）炉灶、锅灶里放的燃料过多，使火一时难以燃烧。

（3）使用鼓风机送风过猛，同一时间产生的烟雾不能从灶喉眼排出。

（4）闷炉时产生的一氧化碳积聚在炉内、炕洞内，遇到明火会突然燃烧，造成打呛。

（5）火炕堵塞或炕内潮湿，使烟气流动受阻，再加上使用鼓风机，烟气流动出现矛盾，导致打呛。

（6）火炕、烟囱砌筑不合理，内部结构障碍多，阻力大。

2. 解决方法

（1）在烧秸秆及其他燃料时，要做到少添勤添，不要过多。

（2）使用鼓风机时，要做到先慢后快，根据燃料燃烧情况适当送风。

（3）如果发现火炕有堵塞现象，立即修理，排除故障。

（4）有闷炉习惯的家庭在用火时，要求先敞开炉盖轻透炉底，让炉火逐渐燃烧。

（5）如果是烟囱在砌筑结构上不合理，造成打呛，考虑到这是主体房屋结构出现的问题又无法排除这个毛病，可在炕梢的炕墙上开凿一个直径 120 mm 的孔，外侧用厚纸密封，作为火炕的“安全阀”。

（六）灶出现“截柴”的原因及解决方法

1. 原因

（1）烧火时添柴草过多、过勤，使柴草不能有充足的空间完全燃烧。

（2）平地搭建的节柴灶，灶下通风效果不好，缺氧。

（3）炕内堵塞，炕梢低于炕头。

（4）烟囱内或烟囱底部出烟口过小或堵塞；烟囱内潮湿；烟囱细且炉灶多，无法满足排烟需要。

2. 解决方法

（1）烧火时添的柴草不宜过多，要少添匀添，等前一批柴草燃尽后再添下一批，使灶内的燃料能有充分的燃烧时间和空间。

（2）平地搭建的大锅灶需进行改造，增设炉箅和通风道，实现通风合理、燃烧充分。

（3）若炕内出现堵塞，炕梢低于炕头的火炕，要立即进行修理或重搭，排除炕内障碍，炕梢要求高于炕头 20~40 mm。

（4）烟囱堵塞要进行修理；烟囱潮湿、挂霜要在烟囱根部加热烧火，使之干燥；烟囱过细且炉灶较多时，要避免同时点火，不使用的炉灶要用物品将喉眼堵严。

第二节　节能炕

南方人住床，北方人睡炕，因地域气候不同而致生活习惯不同。南方气候炎热且潮湿，人们住在竹、木床上，上下悬空，有利于空气流动，既凉快又不易受潮。北方气候寒冷，人们多在房中置一铺大炕。因此，炕在北方也被称为火炕或大炕，是我国北方地区主要的取暖设备，堪称北方人的“暖床”。炕的热量一般来源于炊事用的柴灶，由于炕与灶相连，故称炕连灶。炕的结构远较床复杂，搭法也不尽相同，有洞炕、花炕和空心炕之分。洞炕是在地面上砌几道约八行砖高的小墙，将空间隔成几条坑道，两端留空使道道相通，上以土坯、石板或红砖为盖，覆盖后再用沙泥或白灰等材料抹平。花炕是对洞炕的发展，小墙只砌一半高度，上面遍立红砖做支撑，复以红砖为盖，其余做法与洞炕相同。空心炕更为先进，只以红砖垒几个立柱做支撑，上面盖几块大水泥板，其余做法与洞炕和花炕相同。说空心炕先进，是因为它内部空间很大，不易被烟火灰堵塞炕道，通常一铺炕搭建完成后，可使用十年八年不用扒灰。

千百年来“烧柴火做饭，用火炕取暖”是我国广大农村农民的传统习惯。然而，由于旧式炕灶结构不合理、热效率低，每年虽烧掉大量柴草，却不能很好地解决广大农民的炊事和取暖问题。旧式炕浪费燃料和污染环境，改革旧式炕灶提高热效率、增加有效能量，提高农民生活质量，增加秸秆还田数量等工作，不仅关系到广大农民生活质量的提高，还关系到农业持续发展和生态环境的改善。

经过我国科研人员的积极探索，系列新型节能炕改进设计，经过推广，节能效果显著，综合热效率大于 60%。节能炕是指遵循燃料燃烧、烟气流动和热量传递三种现象的自然规律，通过将旧式炕进行改进并设计成合理结构进行系统匹配，减少了燃料浪费和环境污染，并有效提高了热效率。根据与地面接触的形式，节能炕可分为落地炕和架空炕。落地式节能炕是目前使用较广泛的一种炕，与地面接触部位以干土充填，其上用砖或土坯砌筑炕洞；架空式节能炕是近年来随着农村生活条件的改善，满足卫生和建筑要求，出现的一种非落地式炕型。新型“高效预制组装架空炕连灶”不仅热效率高，且外形美观、坚固、耐用，同时实现了规格化、系列化及工厂化生产、商品化经营。

一、节能炕的结构

节能炕一般由柴灶、炕墙、炕内垫土、炕内烟道（炕洞）、进烟口、出烟口及炕面等部分组成。预制组装架空炕连灶还包括底板、底板支柱、后阻烟墙、烟插板等部件。

柴灶是为炕体提供热源的设备；进烟口是热源输送给炕体的管道，也是灶的出烟口；炕洞是烟气向炕面散热的内部通道；炕面是炕体的散热表面，要求选用导热性能好、蓄热能力强且质地坚硬的材料，要求厚薄均匀，干净平整，结实稳固；出烟口是炕洞与烟囱的连接处；烟囱是烟气排出室外的通道；炕墙又称炕围，是炕周围用以支撑炕面的墙体，同时具有保温作用，炕墙高度根据炕的高低而定，要求保温性能好，且密不透风。为了蓄热保温和减小炕洞的体积，一般要在炕内垫土。炕体前后设有落灰膛，以防止炕洞内和烟囱根处积灰。炕的尺寸要符合人体高度要求，宽度约 1.8 m，高度为 0.5~0.6 m（8~10 层砖高），长度则根据房间大小而定。

二、节能炕的节能原理

火炕作为人们休息和采暖的生活设施，炕体需获得并积蓄足够的热量才能供停火后利用。为了维持一定的室温，火炕就要有一定的散热能力。而要保证炕面有足够的温度，又要求火炕有一定的保温蓄热能力。旧式炕连灶多为形式上的机械沿用，存在诸多问题：烟囱的抽力与烟气流动阻力不匹配，烟气释放热量与炕体吸收热量不匹配，灶膛燃料耗量（供热量）和炕体受热部分容量的不匹配，导致热效率低，炕面温度不均，降温快，燃烧不畅（倒烟、燎烟、压烟）等。从落地式火炕的结构来看，还存在维护不便，炕洞中的积灰不便清除，年年扒砌费工耗柴等问题。

因此，炕连灶的设计必须遵循燃料燃烧、烟气流动和热量传递三种现象的自然规律，合理地进行结构的设计和系统匹配，使得炕连灶既省柴节能，又能达到供暖需求。其应有一定的储热能力，能昼夜不断散热，且在生火时，炕不过热，停火后，不会很快变凉。炕连灶的工作原理是：燃料在灶膛内与空气较充分地混合燃烧后的热量被锅吸收一部分用于炊事，大部分热烟气则从炕的进烟口进入炕内，经过分烟砖将烟气分流至两侧，以免炕面温度分布不均。炕洞是高温烟气的通道，炕洞的形式和数量在各地也不尽相同，主要有直洞、横洞、花洞、转洞等形式。烟气在炕洞里通过对流（从进烟口到烟囱）和导热的方式，把热量传到炕面和炕墙，再扩散到室内空间，以达到供暖的目的。下面以高效预制组装架空炕为例说明节能炕提高热利用效率的具体措施。

（一）提高炕体热能利用率的技术措施

1. 火炕底部架空，取消底部垫土，增大散热面积

落地式火炕仅通过炕面散热，室温的提高主要靠室内的土暖气和取暖炉。而架空炕将底部架空，取消炕洞垫土，使炕体由原来的一面散热变成上下两面散热；同时，原落地式火炕炕洞垫土损失的热量也散入室内，既提高了室温，也提高了火炕的热效率。据实测，在不增加任何辅助供暖设施和燃料耗量的情况下，架空炕比落地式火炕可使室温提高 4 ℃~5 ℃。

2. 增加炕体获得的热量

炕体获得热量的多少，标志着炕体利用热能的程度，而热量获得的多少，是由烟气与炕体换热时间长短和换热面积大小决定的；换热时间又取决于烟气在炕内滞留的时间，而滞留时间的长短又取决于烟气的流速，流速越快，停留的时间就越短。落地式火炕由于受炕面材料的限制，不得不过多摆放支撑点，额外增加了一些阻挡，再加上采用直洞式炕洞，使烟气流通的横截面积减少、流径缩短且，不易扩散，致使烟气流速加快，滞留时间缩短；同时，烟气与炕体接触面积减少了 30%~50%，极大地影响了烟气与炕体换热。

高效预制组装架空炕连灶采用较大面积的炕板，取消了前分烟和落灰膛，使流通截面积增加了 30%以上，有效地降低了烟气流速。实测表明，通过呈喇叭状的火炕进烟口（灶喉眼）高速进入炕体的高温烟气，由于无阻挡地突然进入一个大空间，烟气流速急剧下降，至炕体的 1~1.5 m 处时可降至 0.1 m/s。由于在无阻挡、无炕洞及无分烟阻隔情况下，烟气能迅速扩散到整个炕体内部并与炕体进行热交换，既保证了足够的换热时间，又确保了炕体受热的均匀。

架空火炕由于取消了前分烟结构、小炕洞、减少了支撑点，增大了烟气与炕体面板的接触，增强了烟气与炕体的换热。换热面积增加及换热时间的延长，使得换热量增加，从而提高了架空火炕的热利用率。

3. 合理调节进、排烟温度

进炕烟温的高低直接影响炕体温度；而排烟温度的高低则直接影响炕体的综合热效率。以往改炕改灶时由于追求灶的热效率，单纯认为灶的拦火强度越大越好，虽然灶的热效率上去了，但灶拦截的热量过多，造成炕体不能获得足够的热量。冬季炕凉人们不满意，出现了反复改造的情况。架空火炕要求炕灶合理匹配，适当减少灶的拦火程度，以保证进炕烟温在 400 ℃~500 ℃，同时将炕梢排烟温度控制在 50 ℃~80 ℃，确保炕体获得足够的热量。

（二）提高炕面均温性能的技术措施

炕面均匀与否，是衡量火炕热性能较为敏感的指标之一。落地式火炕因受炕洞、堵截等限制，易形成炕头热、炕梢凉，中间热、炕上下凉等弊病，而高效预制组装架空炕较好

地解决了这一问题，并且能够实现满炕热和热度均匀。具体措施如下。

（1）取消了炕体人为设置的炕洞阻隔，使换热过程在整个炕体内而不是在局部炕洞进行，消除了炕洞之间温度的不均匀。

（2）由于消除了前分烟及各种阻挡形成的烟气涡流，仅在炕梢、排烟口前设置后阻烟墙，保证了烟气充满整个炕体，使得炕面温度更趋均匀现象。

（3）通过调节炕面抹面材料厚薄炕面温度。炕头部位首先接触高温烟气，炕温则会高于其他部位。为改善这一状况，可采取以下两项措施：一是架空火炕在搭炕底板时，使炕梢略高于炕头 20 mm；而在搭炕面板时，使炕头略高于炕梢 20 mm，这样使炕内从炕头到炕梢形成“炕头空间大、炕梢空间小”的一个等腰梯形的空间；由于烟气体积是随温度逐渐降低而缩小的，因此不会出现不好烧的现象。二是在抹炕面泥时，炕头抹面厚 60 mm，炕梢抹面厚 40 mm，平均抹面厚为 50 mm，可保证炕面温度的均匀。

（三）提高炕体保温性能的技术措施

（1）架空火炕炕体内部为一空腔，由灶门、喉眼、排烟口和烟囱形成一个没有阻挡的通畅烟道。停火后炕体所获得的热量会以对流换热的形式由通道排出。为此，架空火炕有两项要求：一要在排烟口处安装烟插板；二要在灶门处安装铁灶门。停火后关闭烟插板和铁灶门，使整个炕体形成一个封闭的热力系统。这样，停火后系统只允许通过炕体上下面板及前炕墙向室内散热以提高室温。炕面由于有覆盖物，散热缓慢，从而保证了炕面降温缓慢的需求。同时，炕内靠近冷墙部位，在搭砌火炕时又增设了 50 mm 厚的保温墙，减少了向墙外散失的热量。

（2）炕体保温蓄热性能通过抹炕面材料厚度来调节热容量的大小。炕体主体材料一般为水泥混凝土板或定型石板，其热容是固定的。如以砂泥为抹面材料，理论计算和实践经验证明，抹炕面厚度平均以 50 mm 为最佳，如太薄会出现火炕热得快、凉得也快的现象。所以，架空炕的炕体温度满足了用户日常生活的需求。

三、节能炕的设计

（一）炕连灶的布局

卧室的炕和厨房的灶仅以间墙相隔，以便利用灶的烟气。按炕在室内的位置不同，有南炕、北炕与顺山炕之分。南炕紧靠房屋南墙，能接受充足的阳光，暖和、明亮，并可照顾庭院，所以采用得较多。

（二）炕连灶的结构与设计

节能炕总体要求结构设计合理，尽量减少炕洞阻力，最大限度地增加传热面积，便于操作，余热利用效率高。砌制炕体要求墙体厚度保温好，炕面支承梁坚固，炕面平整、厚度合适、储热量大且储热效果好，正常炕面温度保持在 20 ℃～40 ℃。进出烟道尺寸设计合理，排烟通畅。炕体和炕面无裂纹，确保炕体与进出烟道连接不出现漏烟现象。

按铺炕面的材料不同，节能炕可分为砖炕、土坯炕和板材（石板、混凝土板）炕；按炕洞内烟气流向不同，可分为直洞炕、横洞炕、花洞炕与转洞炕等。

1. 灶

有关炕的设计上一节已阐述，这里不再重复。但对于炕连灶的灶，不宜过分强调单灶的热效率。锅底和拦火圈间的缝隙应增大，减少灶的拦火程度，提高吊火高度，进炕烟温应为 400 ℃~500 ℃。

2. 进、出烟口

为使烟气在炕内有足够的滞留时间和均匀分布，烟气进炕和出炕流速需合理配置。烟气进口流速大于出口流速，才能使进口的静压增加值大于出口的静压减小值，进而使进口气流容易扩散到整个炕洞空间，使炕面均匀受热。为此，进烟口尺寸应小于出烟口尺寸。通常进烟口断面尺寸为（100~120）mm×（120~150）mm，出烟口为（120~140）mm×（160~200）mm。出炕的烟气温度，冬季不应超过 40 ℃。

3. 炕墙

一般炕的四周围墙有三面是与房屋的墙共用的，仅有前方的炕墙要专门砌。室外墙必须做好防漏处理，靠室外的冷墙应进行隔热保温，可在其内侧 50~100 mm 处砌一薄墙，两墙之间填以炉灰或膨胀珍珠岩等保温材料，以减少热损失；炕墙外表面要求平整美观，内表面要求严密不漏烟、不漏气。墙面上应留有掏灰活孔，平常用砖块封堵。

4. 炕内垫土

炕内垫土可减小炕洞体积，起蓄热保温的作用。炕内垫土是炕洞烟道的组成部分。垫土方式分为坡形与梯形，从炕头到炕梢垫土逐渐升高，使烟气有向上流动的趋势，以减少流动阻力。但由于炕洞土质量多，升温慢，所吸收的热量（占燃料热量的 6%~8%）转化为较低温度的热量，因此，这些热量绝大部分是无用的。在炕洞土表层填放煤灰渣，可提高炕温和炕灶的综合热效率。若是架空灶，在搭砌时底层炕面上也应放置煤灰渣保湿层。

一般炕洞高度，炕头为 180~240 mm，炕梢为 80~100 mm。架空炕炕洞应提高 60 mm。

5. 炕洞

为充分利用烟气的热量，烟气在炕洞中应有足够的滞留时间（40~60 s），烟气平均流速为 0.1 m/s。这样就需较大的流道截面积，具体要求为：炕洞高度应大于 240 mm（一块立砖）以上，烟气流道总宽度应为炕腔总宽的 70%~75%，烟道数量通常是 4~7 个。尽管直洞炕和花洞炕的流道面积基本相同，但花洞炕内烟气路径是迂回前进的，可延长烟气在炕内停留的时间。

增大烟气和炕面之间的传热面积是满足炕体温度的重要措施。砖砌花洞炕传热效果较好，若采用大块炕面，即预制组装架空炕，则效果更佳。

为了满足炕面温度均匀的要求，需采取一些技术措施，如改进分烟机构和取消落灰膛。旧式炕中通常采用炕头挡来进行前分烟——即在旧炕的进烟口附近摆放人字形、八字形、船头形等形状的分烟砖或分烟墙，使烟气流向两侧，以保证炕两侧受热。尽管这种结构有一定的效果，但增大了烟气流动的阻力，且会使烟气在炕头滞留的时间延长，形成炕头过热的弊端。同时，由于落灰膛会使流程中烟气体积突然增大，严重形成涡流，产生炕头热、炕梢凉的问题。因此，在改进炕的掏灰结构基础上，落灰膛完全可以取消。

新式炕中常见的分烟结构有两种。①中间引烟，即在进烟口处设置一个长度约为炕长1/3左右的引洞，把烟气直接引向炕的中部，经扩散后再分流。引洞侧墙上设有不同宽度的分烟间隙，向炕两侧分烟。这种结构使炕面各处受热比较均匀，且炕头不致过热。②后分烟，即在炕梢摆放有不同的走烟间隙的缓流分烟砖，以降低烟气在炕洞中的流速，延长烟气在烟道中的滞留时间。

6. 炕面

炕面及其支撑材料包括砖、土坯、石板与混凝土板。炕面为一扁砖厚（60 mm），上用草泥或1∶3的土、沙混合泥抹面，抹面厚度达15~20 mm。通常还可利用炕面支撑材料及抹层的厚薄来适当调节炕头与炕梢的温度差别，炕头一般要比炕梢厚25~30 mm，炕的中部一般也应比炕的里、外侧稍厚。

炕连灶中，由于排烟温度低，烟气的流道长，烟囱的抽力相对来说要差一些。故炕连灶对烟囱的保温和防潮应加以特别注意。

四、节能炕施工

下面以北方地区应用较广的“高效预制组装架空炕”为例介绍节能炕的施工方法。该节能炕是辽宁省农村能源科技人员依据建筑结构学、流体力学、热力学、气象学等理论，经过多年的研究、试验和示范，总结出的搭砌技术。通过大面积的推广应用，它深受广大农户的欢迎，其热效率也得到了大幅度的提高。架空火炕装饰后，既美化了居室环境，又促进了农村精神文明建设。高效预制组装架空炕已在辽宁省作为节约生活用能的一项重要技术措施普及推广，其节能效益十分显著。

（一）施工要求

1. 炕体材料的选择

过去落地式火炕所使用的材料是砖和土坯，虽然热性能较好，但由于单块面积较小，强度不高，寿命短，炕体设计不尽合理，很难实现规格化、定型化，为此必须寻求理想的炕体材料。从人体要求和经验来看，炕面温度应为25 ℃~30 ℃，每次烧火后升温幅度应在8 ℃~15 ℃，这就要求炕体材料具有以下性能。

（1）具有一定的机械强度，寿命长，坚固耐用。

（2）取材容易，价格低廉，群众能够负担。

（3）具有一定的蓄热性能和传热性能。

高效预制组装架空炕的炕体材料依据取材的难易程度和材料的热性能指标来选取。

作为炕体材料，石板最为理想，其次为混凝土板，二者在机械强度等方面均优于砖和土坯。石板虽性能良好，但受材料来源限制，不宜大面积推广，因此高效预制组装架空炕除在有石板资源地区采用外，可多采用混凝土板；此外，黏土砖板效果也较好。

2. 炕板尺寸的确定与钢筋要求

高效预制组装架空炕如使用水泥混凝土制作架空炕的炕板，在预制打板前，需先确定好每块炕板的最佳尺寸及用多少块炕板。给用户搭架空炕时，需到用户家中测量尺寸。取用户炕长的实际尺寸减去 50 mm 再除以 3，便是一块炕板的长；炕板宽为 600 mm，厚为 50 mm，这样规格的炕板需 15 块。另一种是取炕板长乘以宽 500 mm，厚为 50 mm，这样尺寸的炕板需 3 块。也就是（炕长尺寸−50 mm）/3×600 mm×50 mm 合计 15 块，（炕长尺寸−50 mm）/3×500 mm×50 mm 合计 3 块。使用时，炕底板用 600 mm 宽的 9 块，炕面板用 600 mm 宽的 6 块，500 mm 宽的 3 块。整个架空火炕上下板合计为 18 块。钢筋采用直径 6.5 mm 的为佳。

3. 水泥混凝土炕板所用材料的标准和要求

水泥混凝土炕板所用材料的标准和要求：水泥要求标号为 325#或 425#，出厂期在三个月内的；砂子要求水洗的中粗砂，使用时无杂草、无土；石子要求直径为 15~30 mm 碎石或卵石。打板后养生期必须保持在 28 天以上方可使用。

4. 水泥混凝土炕板中水泥、砂、石子的配比要求

用水泥混凝土打架空炕炕板的材料配比：如果采用 325#水泥打炕板，其水泥、砂子、石子可按 1∶2∶2 合成；如果采用 425#水泥打炕板，其水泥、砂子、石子可按 1∶2∶3 合成。

（二）材料准备

在砌筑高效预制组装架空炕之前，具体应做好以下工作：

（1）提前 25 天以上预制水泥混凝土炕板或提前备好定型石板及红砖结块炕板。

（2）提前一周拆除旧炕。同时，需用水泥混凝土浇筑炕下地面，待水泥凝固好且完全坚固后再搭砌架空炕。

（3）准备其他材料：①1 m^3 中砂；②0.6 m^3 黏土；③200 块砖；④两袋 425#水泥；⑤细炉渣 0.2 m^3；⑥烟插板一个；⑦炕墙瓷砖备 50~70 片。

（三）各部位砌筑要点

1. 架空火炕下地面的处理要求

架空火炕的底板是由几个立柱支撑而成的，这些与地面接触的立柱承受力较大，如地

面处理不坚实，出现下沉现象，就会使整个炕体或局部出现裂缝，影响火炕的热度和燃烧效率，还会造成煤烟中毒。因此，架空火炕下地面处理的好坏是决定火炕效果、寿命的关键。无论是新建房还是旧房搭砌架空火炕，只要将锅灶排烟口和烟囱进烟口留好，待养护坚固后即可搭架空炕。搭砌时必须处理好支点下的基础，不能出现下沉现象。

2. 架空火炕底板支柱的放线与砌筑方法

（1）放线方法。

砌筑架空炕时，要按事先准备好的架空炕的炕板大小确定放线位置。操作顺序为：技工用尺量出每块炕板的长、宽尺寸，随后在架空炕下部的地面上标记出每块炕板的位置，炕底板的 9 块位置清楚即可，每个立柱要求正好砌在炕板的交叉点的中心位置。

（2）砌筑要求。

砌筑架空火炕底板支柱时，其底板之间的缝隙应正好对准立柱的中心线，中间支柱平面的 1/4 正好担在底板角上。砌筑时要拉线，炕梢和炕上的灰口可稍大一些，炕头和炕下的灰口可稍小一些，使炕梢略高于炕头，炕上稍高于炕下，高低差为 20～30 mm。底板支柱为［120×120×（350～370）］mm（长×宽×高）。

3. 架空火炕板的摆法与密封处理

在安放架空炕底板时，要先将选好的 3 块边直棱角齐全的水泥炕板放在外侧，安放时要稳拿稳放，从里角开始安放，待平稳牢固后方可安放下一块。全部放完后要测量炕头、炕梢宽度是否一致，炕墙处外口水泥炕板要用线将底角拉直，为砌炕墙和抹面打好基础，整个炕底板安装完后不得出现不平稳和撬动的现象。

架空炕底板安放完后，要用 1∶2 的水泥砂浆将底板的缝隙抹严。随后用和好的草砂泥按 5∶1 合成，在底板上层普遍抹一遍，厚度为 10 mm；由于底板有坑、包等不平现象，抹草砂泥可以起到找平作用，之后再用筛好的干细炉渣放在上面刮平、踩实，以达到严密、平整、保温的效果。

4. 炕墙的砌筑形式、高度要求

架空炕炕墙砌筑形式可分为平板式、上下出沿中间缩进等。砌炕墙必须拉线砌，可用 1∶2 的水泥砂浆坐口，立砖砌筑，炕墙的砌筑高度为坑梢 240 mm，炕头 260 mm；砌筑时要事先将红砖浸湿，确定好要砌的类型、高度；如果是镶瓷砖则要事先量好瓷砖的尺寸，确保砌筑尺寸与瓷砖规格匹配。上述问题在砌筑炕墙前都要考虑好，以免出现不合适和返工的现象。

5. 炕内支柱砖的布局与尺寸要求

炕内支柱砖的多少取决于炕面板的大小。在摆炕内支柱砖前，可先在炕底板上层放上一层干细炉渣灰（要用筛子筛好的），找平后再摆炕面支柱砖。炕内中间的支柱砖可比炕上炕下两侧的支柱砖稍低 10～15 mm。同时，可在冷墙体的里壁或其他墙体处砌出炕内围墙，既做炕面板支柱，又做冷墙体的保温墙体。火炕炕内支柱砖的高度为［120×120×（炕头180、炕梢160）］mm（长×宽×高）。

6. 炕内冷墙部分墙体的保温处理

架空炕炕内接触的外墙体为冷墙，对这部分墙体要采取保温处理，避免因上霜、挂冰、上水和透风对火炕造成影响，导致炉灶难烧，火炕不热。砌筑炕内这部分围墙时，要求用立砖、坐灰口横向砌筑，并与冷墙内壁留出50 mm宽的缝隙，在缝隙内填入珍珠岩或干细炉渣灰等保温耐火材料，并用木棍捣实，再用细草砂泥将表面抹严。

7. 炕内后阻烟墙的作用、尺寸要求

架空炕炕梢增设后阻烟墙，采用的是炕梢缓流式人字分烟墙设计。这种分烟处理可阻止炕梢烟气直接进入烟囱内，使炕梢烟气，尤其是烟囱进口的烟气由急流变成缓流，延长了炕梢烟气的散热时间，降低了排烟温度，也排除了炕梢上下两个不热的死角。这样处理可使炕头、炕梢的烟气往两侧扩散、流动，提高了火炕上下两边的热度，缩小了炕头与炕梢的温差。

架空炕炕梢人字阻烟墙可采用预制水泥件，也可用红砖砌成。人字阻烟墙尺寸为（420×160×50）mm，内角为150°左右，阻烟墙的两端距炕梢墙体，可按烟囱抽力的大小确定为270～340 mm。一般用灰浆将阻烟墙的顶面与炕面接触的部分密封严密，防止出现跑烟现象。

8. 炕梢出烟口处烟插板的安装要求

为使架空炕火炕保温，减少热量损失，必须在火炕炕梢出烟口处安装烟插板。烟插板在安装时可按以下方法进行：先将选择好的开关灵活的烟插板放在火炕出烟口处，底部用水泥砂灰垫平，两侧待砌炕内围墙用砖轻轻挤住，烟插板的顶部高度不得高于两边围墙的高度，可略低5 mm，烟插板的拉杆可从炕墙处引到外侧，要求两头的接触点必须水平，炕梢炕墙外侧可做成环形或丁字形，以便开、推方便，安装完后，不要乱动，以免造成松动，影响水泥凝固效果。

9. 炕面板的摆法与密封处理

架空炕炕面板在安放前应做好密封处理，目的是解决炕面板下部和侧面四周密封不严的问题，防止出现漏烟现象。其操作方法是：安放炕面板时，采用筛后和好的草砂泥，把四周的炕内围墙顶面抹上一层10 mm厚的细草砂泥，使炕面板接触的下部与墙体接触的侧面都有泥，炕面板上面挤出的草砂泥再与炕面泥相接抹平，达到炕面板四周稍翘起且严密的效果。

架空炕炕面板在安放时要稳拿稳放，搭在支柱上的位置要合适，不得出现搭偏和撬动现象。要求中间稍低，整个炕面板以炕梢略高于炕头，炕上略高于炕下，炕上炕下略高于中间的稍翘边式处理为最佳。

10. 炕面泥的配比与厚度要求

架空炕炕面泥在配比时要求：①砂为粗中砂，且要过筛。②黏土要求无黏块，或用粗筛筛好。③炕面泥提前和成，待用，而且要和得均匀。④第一遍泥用粗中砂、黏土，按 5∶1 和成；第二遍泥用中细砂、黏土，按 4∶1 比例和成。

架空炕炕面泥要求抹两遍。第一遍为底层泥，抹炕面泥时要求找平、压实。炕头厚度为 55 mm，炕梢厚度为 35 mm。第二遍泥需等到第一遍泥干至八成时开始涂抹，可加适量的白灰，抹时按 5 mm 的厚度，要求第二遍泥抹完后平整、光滑、无裂痕。

高效预制组装架空炕在研制和实验期间，为延长火炕的保温时间，解决架空炕下半夜降温快的问题，架空炕的炕面泥选择使用的材料为砂泥，炕头厚度 60 mm，炕梢厚度 40 mm，平均厚度 50 mm 是最佳参数，这有利于炕体贮热和保温。

11. 炕墙镶瓷砖的操作方法与注意事项

架空炕炕墙镶瓷砖首先要找好底，和水泥砂浆麻面，有棱角的地方要事先修整到位，瓷砖面的图案要事先切好、摆好。其次，将瓷砖用水浸湿，浸水时间根据水泥麻面的干湿程度而定。最后，在瓷砖的背面抹上糊状素灰浆后粘在炕墙上，要用手轻轻敲动直至实声或达到要求的平面为止。注意瓷砖粘在炕墙上后，缝隙要对齐，图案要找好，表面要平整。炕墙瓷砖镶好后，7 天养护期内不能烧火，以确保瓷砖的牢固性。

五、节能炕常见问题及解决方法

架空炕如果砌得不好，或使用方法不当，容易出现炕凉得快或抽力太小等问题。具体问题和解决方法如下：

（一）架空火炕凉得快

1. 原因

（1）炕梢出烟口过大，或未设炕梢烟插板。

（2）炕洞过深，存在储存冷空气的地方。

（3）炕面过薄，蓄热量不够。

（4）具备两个炉灶的架空炕未设灶门或不烧火的灶未堵严。

2. 解决方法

（1）架空炕的炕梢出烟口要求是 180 mm×200 mm（高×宽），且必须安装灵活的烟插板控制烟量。

（2）架空炕的炕洞深度以 180 mm 内为最好，如果过深就会增加冷空气的储量，降低炕内的温度。

（3）架空炕的抹炕面要求抹砂泥平均厚度为 50 mm，这是蓄热效果最佳的厚度，这样才能达到 8~10 h 人体需要的温度。

（4）架空炕连接的炉灶，不论一个灶还是两个灶都必须安装灶门或喉眼插板，当停火后或睡觉前必须将灶门或插板关严，使炕内的热量散到室内并起到保温作用。

（二）架空火炕没有抽力或抽力小

1. 原因

（1）架空炕的炕体不严密，有透气之处。

（2）烟囱不严密或高度不够。

2. 解决方法

（1）高效预制组装架空炕在砌筑上要求非常严格，炕体部分不允许出现漏烟现象，尤其是架空炕的底板面；架空炕若底板漏烟，解决的措施只有一个——即重新搭砌架空炕。

（2）如果烟囱上下密封不严，要及时将烟囱抹严密；高度不够的要加高烟囱，使烟囱顶部高于房脊 0.5m 以上。

六、秸秆节能灶

灶台燃烧是传统秸秆用作生活用能的主要方式。农村节能灶又名省柴灶，是针对农村广泛利用柴草、秸秆进行直接燃烧的状况，依据燃烧学和热力学原理，科学设计而建造或者制造出的适用于农村炊事、取暖等生活领域的用能设备。顾名思义，它是相对于农村传统的旧式炉、灶、炕而言的。节能灶优化了灶膛、锅壁与灶膛之间的相对距离以及吊火高度、烟道和通风等的设计，并增设保温措施和余热利用装置，以达到热效率20%以上的要求。这样，不仅改进了内部结构、提高了效率、减少了排放，还具有卫生、方便、安全的特点。

（一）传统灶具与节能灶

1. 传统灶具及弊端

我国农村居民生活用能 70%以上依靠薪柴、秸秆等生物质燃料。农村生活用灶的热效率低，往往达不到 20%。导致热效率低下的原因主要体现在以下几方面。

（1）通风不合理。

通风不合理是传统灶体的主要弊端之一。传统灶体没有炉箅，且无独立通风道，添柴口既是燃料的进口也作为通风口，从添柴口进入的空气不能直接通过燃料层与燃料调和均匀，因此燃料不能充分燃烧，出现燃烧不充分的现象。

（2）灶台高、吊火高。

传统灶体单纯考虑做饭方便和添柴省力，灶台搭建过高，锅脐与地面的距离较大，火焰外焰不能充分接触锅底，大量热能流失，热能有效利用率低。

（3）添柴口过大、灶膛过大。

烟道口过大使灶内火焰不集中、火苗发红、灶膛温度低，由于抽力火焰在灶膛里停留时间较短，增大了燃烧热能辐射损失，使得很大一部分热量从灶门和烟道口浪费掉。加之添柴口无门，大量的冷空气从炉门进入灶内，降低了灶内温度，影响了燃烧效果，增大了散热损失。

（4）没有余热回收装置。

烟气排出时带走大量热量，这些热量不能被充分利用。

2. 节能灶

节能灶依据燃烧和传热的科学原理，对灶的热平衡和经济运行进行了优化，结构合理，通风良好，燃料燃烧更加充分，灶热能利用率达到50%左右，在节省燃料、缩短时间、使用方便、安全卫生等方面具备显著的优势。

（1）加装炉箅，炉膛下设独立通风道（清灰口），并安装挡风装置（挡板）。

添柴口和通风口分离，空气从独立的通风口进入，经炉箅直接通过燃料层，与燃料充分混合，保证燃料充分燃烧，大大提高了燃烧效率。

（2）适当降低吊火高度。

通风口下方采用加高垫层的方法，在不降低灶台高度的前提下，降低吊火高度，使火焰外焰充分接触锅底，提高热能的有效利用率。

（3）缩小加柴口和灶膛，并在添柴口设置炉门。

这样可使灶内火焰集中，提高灶膛温度，减少燃烧热能从炉门辐射的损失。

（4）部分节能灶设有余热回收装置。

在灶膛或烟道周围安装水箱等集热装置，达到充分利用热能的效果，同时，解决了以往节能灶作用单一的问题，实现了炊事、洗浴、取暖的多用性。

使用时，除了添置新料外，尽量减少进料口的打开次数，只有在内部空气不足以燃烧时才打开进料口，通过控制空气进入量确保薪料充分燃烧利用。由于燃料种类和加柴量的不同，最佳空气供应量会发生变化，实际使用中还应当根据燃烧室内火焰的状况来调节挡板的开度。

（二）节能灶的设计

1. 节能灶的类型

我国农村根据当地的生活习惯、传统文化和经济条件，分布有多种类型的节能灶。节能灶按不同的标准可分为以下几类。

（1）按照建造方式，可分为手工砌筑灶和商品化灶。商品化灶一般带热水，有水箱、烟管。

（2）按通风助燃方式，可分为自拉风灶和强制通风灶（带风箱或风机）。

（3）按烟囱和灶门相对位置的不同，可分为前拉风灶（烟囱口和灶门在同侧）和后拉风灶（烟囱口和灶门在对侧）。

（4）按锅的数目，分为单、双、多锅灶。

（5）按燃料的不同，分为硬柴灶和软柴灶。

2. 节能灶的技术要点

农村节能节煤灶应遵循以下设计原则：一是具有优良的炊事功能；二是排入室内的污染物最少；三是要能够适应多种燃料且节能节煤；四是结构符合使用习惯，美观、卫生和安全；五是北方寒冷地区应有余热为室内空间加热；六是投资少且结构耐久。

为提高柴灶的热效率，尽量减少热损失，达到节能、省时的目的，就必须弄清楚燃料在柴灶内燃烧过程中所产生的各种热量的具体去向，并有针对性地进行改造。根据柴灶的结构和特点，柴灶的热损失主要有排烟热损失、化学及机械不完全燃烧热损失、灰渣带走的热损失以及灶体、锅体的蓄热等。

从灶型结构方面来看，老式柴灶因结构不合理，燃烧不完全，保温性能差，热损失大，所以热效率低。其主要缺点是："两大"（灶门大，灶膛大）、"两无"（无烟囱，无灶箅）、"一高"（吊火高，一般在 30 cm 以上）。而节能灶与老式柴灶相比，具备了"两小"（灶门和灶膛较小）、"两有"（有灶箅和烟囱）、"一低"（吊火较低）的优点，结构比较合理，有一个完整的通风系统，燃料能得到较充分的燃烧。由于设置了保温层，增加了拦火圈，延长了高温烟气流在灶膛里的回旋路程和时间，从而使热损失减少，热效率提高。根据全国各地的测试与调查，节能灶一般比老式柴灶节能 1/3~1/2，节约时间 1/4~1/3。

从热力学原理来看，节能灶基本满足节能的三个条件：一是能将燃料充分燃烧，使燃料中的化学能较完全地转化为热能；二是传热保温效果好，有效利用的热值较大，散热的热值较小；三是余热得到较好利用，尽可能减少排烟余热和其他热损失。这正是节能灶能够节能的重要原因。

3. 主要技术环节及要点

（1）各部件和设备的特点。

节能灶的基本结构包括灶体、灶膛、进风道、灶箅、烟囱等。

（2）技术的主要性能参数。

根据我国各地农村的生活习惯和烹饪方法，节能灶一般应具备以下性能特点。

①点火容易、起火快。例如，烧开水或食物加工过程中的加热，为了提高水或食物的温度，要求点火容易、起火快、省时、省工。

②持续加热效能高且温度可调。例如，蒸、煮、炸食物时，三者所不同的仅在于维持的温度不一样，用油炸需要的温度要比蒸煮时的高。

③安全卫生和保温性能好。直接利用辐射热和传导热加工食物，如烤、烙、炒食物时，要求柴灶灶口不冒烟，灶膛保温，余热可利用。

④热效率高。一般节能灶的热效率要在 25% 以上，新建的节能灶则要求热效率高于 30%，并能适应当地基本的生活用能要求。

4. 燃烧室的设计

（1）确定燃烧室形状。

燃烧室的形状主要有柱状、锅底形、月牙形和弧形。柱状结构最简单，而弧形燃烧性能最好，可根据当地使用习惯选择确定。

（2）确定燃烧室容积。

上口直径一般取锅口直径的60%~70%，燃烧室高度应根据当地用户对热负荷的要求和使用习惯正确设计。高度过小，每次添柴草少，使用不便，同时也会因燃烧室容积过小导致柴草燃烧不完全；高度过大，则火力分散，灶膛温度过低，影响燃烧和传热。

（3）增加拦火。

拦火具有使烟气流动阻力和烟囱抽力相匹配，避免挥发成分在不完全燃烧情况下被抽走，引导烟气回绕锅底较长时间，使燃烧和传热时间充分的作用。拦火即控制锅底和燃烧室上沿间形成的间隙，促使较多烟气从灶门处较大的间隙进入回烟道，然后再返回锅底进入烟口的方法。

总之，节能炉具、节能节煤灶的设计要同时具有好烧、供热强度充足、节能节煤和使用方便等特点。

5. 节能灶的外部施工

（1）砌灶体。

灶体主要起保温和承担锅台重量的作用。灶体内径大小可以这样确定，即用燃烧室的内径加上燃烧室结构的双边厚度，再加上保温层厚度，三者之和就是灶体的内径尺寸。灶体外表应做得整齐、面平，以利于粉刷。

（2）砌灶门。

灶门的作用是添加燃料和观察燃烧情况，其位置应低于出烟口 3~4 cm，若高于出烟口，会出现燎烟现象。一般农村的灶门高 12 cm、宽 14 cm，烧草的灶门可大一些，烧煤的灶门可小一些。为了防止热能从灶门散失掉，灶门上应安装灵活的带有观察孔的挡板。

（3）砌灶台。

通常把灶台突出灶身 4~8 cm，做成滴水边，既方便使用，又能美化灶形。砌灶台时还要注意内口留出 3~4 cm，以便制作锅边。

（4）抹锅边。

锅边是紧贴和托起铁锅的结构，常用硬泥或混合泥做成。一般大锅的锅边厚度为 25~30 cm，抹锅边为 20~25 cm，小锅、特小锅 15~20 cm。抹锅边时，应边抹边用锅试，力求抹严、不跑气；锅沿超出灶面的高度要控制在 3 cm 以内，以便增大锅的受热面积。

（5）砌烟囱。

烟囱具有一定的抽力，可以保证燃烧室内进入充足的空气，并将燃烧过程中产生的废气排到大气中。户用炉灶的烟囱高度在 3 米左右，出口内径为 12~18 cm。在烟囱的适当位置要设置闸板，以控制调节烟囱的抽风量，在烟囱的基部要留掏灰孔。如果采用预制结构烟囱，内径不得小于 16 cm。一般情况下，烟囱应高出屋脊 0.5 m。

（6）粉刷。

粉刷要在炉灶测试合格以后进行，一般灶台面、出烟口等部位最好使用 1∶3 的水泥砂浆粉刷。灶台面如贴瓷砖，一般应在灶的各种性能达到技术要求且灶体阴干后进行。

6. 灶的内部施工

（1）砌进风道。

风道的高度和宽度都可取锅径的 1/4，纵深与炉箅里端平齐。其底部大多砌成斜坡式，以增强引风效果。进风道应砌得坚固耐用，内壁平滑无缝，以减少进风阻力。

（2）安装炉箅。

安装炉箅前，先在进风道上量出锅底中心线，以此为基础确定炉箅的偏移量和倾斜度。拉风灶的炉箅安装位置以锅脐为中心，炉箅总长的 1/5~1/3 朝向烟囱，2/3~4/5 背向烟囱，炉箅的安装角度从外向里倾斜 12°。前拉风灶的炉箅可以平放。烧柴草的炉箅要横放于灶膛，这样可以减少柴草不完全燃烧的损失。烧煤灶的炉箅可顺放，以便清除灰渣。

（3）填加保温材料。

炉箅放置好之后，可在其周围填加配制好的保温材料，边加边捣实。材料一般选用草木灰、锯末、煤灰等，有条件的可选用矿渣棉和珍珠岩等。

（4）抹制燃烧室。

燃烧室是指炉箅上方到拦火圈之间的空间，宽 120~140 mm，高 60~80 mm，其上口内缘与锅底之间留出 50~60 mm 的间隙。砌筑燃烧室除可用珍珠岩等商品材料外，也可用红砖、蓝瓦、混合泥等。应将燃烧室的底面制作与炉箅安装结合起来，否则施工麻烦。

（5）砌拦火圈。

此内容上文已经论述，不再赘述。

（6）砌回烟道和出烟口。

回烟道的主要作用是增加高温烟气在锅底周围回旋的路程和时间。回烟道分为两种：一种是明烟道，即在拦火圈外壁与灶体内壁间砌成深 3~4 cm、宽 5~8 cm 的烟道；另一种是暗烟道，砌在灶膛外面与灶体之间，深 12 cm，宽 13~14 cm。出烟口面积大于或等于炉箅有效通风面积。经验尺寸为：宽度等于或稍大于灶门宽度，高度约等于或略大于灶门宽度的一半。出烟口应位于灶膛的最高处，其上沿低于锅台面 3~4cm。

7. 其他节能灶

（1）水箱式节能灶。

水箱式节能灶是目前普遍采用的节能灶，主要特点是炉灶体采用中空结构，内部充满水，构成一个大水箱，在烟囱管道外部也包绕着一个水箱，这些部位都能接触到较高温度的热能，炉灶在使用的同时，两个水箱也烧开大量的热水，实现了一灶两用。与传统的节能灶相比，节约燃料 5 倍以上。为了克服水箱保温效果差，热水只能即热即用的缺陷，可配合采用独立的保温水箱，以延长热水的供应时间，同时减少灶体水箱的散热损失，提高节能灶的热效。

（2）太阳能秸秆节能炉。

在水箱式节能灶上加装太阳能热水器，利用来自太阳能热水器的温水，该炉具既可用作炊事炉具，又可用作取暖工具。同时，还可提供热水，这一设计克服了现有炉具功能单一的缺陷，能够满足生活的需要。由于所使用的能源为农作物废弃物，且部分采用太阳能，因此，具有污染小、节约能源的优点。

（3）炕连灶。

炕连灶一般由省柴灶、进烟口、炕洞、炕面、炕墙、炕檐、垫土层、出烟口和烟囱等部分组成。在采暖期，燃料投入灶内，即可做饭，同时高温烟气通过进烟口进入烟洞一端，在炕洞中高温烟气进行均匀分流，把热流传给炕面，随后在炕洞另一端汇合，通过炕的烟囱排出。在非采暖期，灶内的烟气不经过炕洞而直接从烟囱排出。现阶段，我国农村生活用能结构虽然发生了一定的变化，但薪柴、秸秆等生物质仍占消费总能量的 50% 以上，是农村生活的主要能源。这种能源消费结构在相当长的时期内不会发生根本性变化，因此，在农村，特别是偏远山区，生物质炉灶仍然是农民炊事、取暖的主要生活用能设备。

（三）节能灶的应用

推广省柴节煤炉、灶、炕始终是我国农村节能减排工作的重点，适用于我国绝大多数农村地区。在东部和中部部分地区，越来越多富裕的农民今后将以工厂化商品煤炉或者生物质炉为主，配套使用液化石油气，作为日常生活的炊事及取暖用具；西部地区和少数中部地区的农民则仍以传统的省柴灶和节煤炉为主；在北方大部分地区，仍有很多农民冬季取暖需采用节能炕。

第三节 秸秆的工业应用技术

秸秆的燃烧过程既是强烈的化学反应过程，又是燃料和空气间的传热、传质过程。燃烧除需燃料存在外，还必须有足够温度的热量供给和适当的空气供应。它可分为预热、干燥（水分蒸发）、挥发分析出和焦炭（固定碳）燃烧等过程。其燃烧过程具有以下特点：

第一，秸秆水分含量较高，燃烧需要较高的干燥温度和较长的干燥时间，产生的烟气体积较大，排烟热损失较高；第二，秸秆的密度小，结构松散，迎风面积大，容易被吹起，悬浮燃烧的比例较大；第三，秸秆发热量低，炉内温度场偏低，组织稳定的燃烧比较困难；第四，由于秸秆挥发分含量高，燃料着火温度较低，一般在 250 ℃～350 ℃温度下挥发分就大量析出并开始剧烈燃烧，此时若空气供应量不足，会增大燃料的不完全燃烧损失；第五，挥发分析出燃尽后，受灰烬包裹和空气渗透困难的影响，焦炭颗粒燃烧速度缓慢、燃尽困难，如不采取必要措施，会导致灰烬中残留较多的余炭，增大机械不完全燃烧的损失。

因此，秸秆燃烧设备的设计和运行方式的选择只有从秸秆的燃烧特性出发，才能保证秸秆燃烧设备运行的经济性和可靠性，提高秸秆的燃烧效率。秸秆作为主要的生物质原料，其应用主要为工业燃烧，用于供热、直燃或与煤混燃用于发电或热电联产。

一、工业燃烧技术

秸秆的工业燃烧技术主要分为层燃、流化床和悬浮燃烧三种形式。

（一）层燃技术

在层燃方式中，生物质平铺在炉排上形成一定厚度的燃料层，进行还原过程。空气（一次配风）从下部通过燃料层为燃烧提供氧气，在炉排上方的空间与烟气充分混合燃烧。

空气通过炉排和灰渣层被预热后，和炽热的木炭相遇，发生剧烈的氧化反应：

$$C + O_2 \rightarrow CO_2$$

$$2C + O_2 \rightarrow 2CO$$

O_2 被迅速消耗，生成 CO_2 和一定量的 CO，而温度逐渐升高达到最大值，这一区域被称为氧化层。在氧化层以上，O_2 基本消耗完毕，烟气中的 CO_2 和木炭相遇，发生还原反应：

$$CO_2 + C \rightarrow 2CO$$

烟气中的 CO_2 逐渐减少，而 CO 不断增加。由于还原反应是吸热反应，温度将逐渐下降，这一区域被称为还原层。在还原层上部，温度逐渐降低，还原反应逐渐停止。再向上则分别为干馏层、干燥层和新燃料层。生物质被投入炉中形成新燃料层，然后加热干燥，析出挥发分，形成木炭。

依据燃料与烟气流动方向的不同，可将炉排燃烧技术分为三类。

1. 顺流

燃料与烟气的流动方向相同，适用于较干燥的燃料以及带空气预热器的系统。顺流的方式增加了未燃尽气体的滞留时间以及烟气与燃料层的接触面。

2. 逆流

燃料与烟气的流动方向相反，适用于含水量较多的燃料。热烟气与新进入燃烧室的燃料相接触，将热量传递给新燃料，其中的水分将迅速蒸发出来。

3. 叉流

烟气从炉膛中间流出，综合了顺流和逆流的优点。

层燃技术的种类较多，包括固定床、移动炉排、旋转炉排、振动炉排和下饲式等，适用于含水率较高、颗粒尺寸变化较大及灰分含量较高的生物质，具有投资和操作成本较低的特点，一般额定功率小于 20 MW。

设计良好的炉排应使燃烧的燃料在炉排表面分布均匀，以保障一次配风的均匀分布。空气分布不均匀会造成结渣、飞灰损失增加、过量空气系数增加等问题。燃料在炉排上传输必须尽可能平滑和均匀，避免出现火口、飞灰和炭粒增加等现象。为了实现上述目标，可连续移动炉排、采用红外线高度控制系统以及合理的配风系统。炉排系统可采用水冷方式，以减少结渣现象的出现，延长设备使用寿命。

现在有一种专门燃烧已经打捆秸秆的燃烧炉，采用液压式活塞将已打捆的秸秆通过输入通道连续地输送至水冷移动炉排。由于秸秆的灰熔点较低，可通过水冷炉墙或烟气循环等方式来控制燃烧室温度，使其不超过 900 ℃。

下饲式的形式作为一种廉价且简单的技术，广泛应用于中、小型系统（额定功率一般小于 6 MW）。它具有结构简单、易于操作控制等特点，适用于含灰量较低（如木屑、锯末及颗粒燃料等）和颗粒尺寸较小（小于 50 mm）的生物质，可在低负荷状态下运行。

在下饲式炉中，燃料和空气都是自下而上运动。燃料通过螺旋送料机构从下部输送至燃烧室，后续进入的燃料将先前的燃料向上推移，并向两侧运动。当燃料向上运动时，逐渐被加热、干燥、析出挥发分、着火燃烧，形成木炭；燃尽后形成的灰渣由两侧翻转除去。挥发分和空气混合后流经木炭层，在木炭空隙中剧烈燃烧，燃料层上方未燃烧的气体较少，挥发分不会在缺氧条件下热分解产生炭黑，因此设备正常运行时不会冒黑烟。

（二）流化床技术

流化床是基于气固流态化的技术。

流化床燃烧技术的燃料适用范围广，能够使用一般燃烧方式无法燃烧的石煤、煤矸石等劣质燃料以及含水率较高的生物质及混合燃料（如木材与秸秆的混合）等；此外，流化床燃烧技术可以降低尾气中氮与硫的氧化物等有害气体含量，有利于环境保护，是一种清洁燃烧技术，现已得到广泛的应用。

1. 流化床的工作原理

燃料在流化床中的运动形式与层燃炉和煤粉炉有明显区别。流化床的下部装有孔板，称为布风板，空气从布风板下面的风室向上送入，布风板的上方堆有一定粒度分布的固体燃料层，为燃烧的主要空间。当气流速度发生变化时，燃料层会出现三种不同的状态。

（1）固定床。

当空气流速较低时，在燃料颗粒重力大于气流推力的情况下，固体颗粒将处于静止状态，布风板上燃料层保持不动，这一状态称为固定床，层燃方式就属于这种状态。在该状态下，只有空气与颗粒之间的相对运动，而固体颗粒之间则相对静止，料层高度基本上维持不变，空气通过料层阻力将与速度的平方成正比。

(2) 流化床。

如果逐渐增加气流速度至超过某一临界值，气流对料层的推力等于重力，则燃料层的稳定性遭到破坏，颗粒被空气托起上下翻腾，呈现出不规则运动，颗粒间的空隙加大，整个燃料层发生膨胀，体积增加，处于松散的沸腾状态。由于固体颗粒组成的燃料层表现出流体特性，因此被称为流化床（又称沸腾床），对应的燃烧方式称为沸腾燃烧。不过，此时固体颗粒仍然留在料层中，无法被气流带出，即向上运动的绝对速度为零。

料层开始膨胀时，称为临界流化点，此时气流速度为临界流化速度。流化临界速度与固体颗粒的大小及其粒度分布、颗粒密度和气流物理性质相关。继续提高气流速度，因为料层膨胀，颗粒间的空隙增加，通过料层的实际风速趋于常数，因此料层的阻力基本维持恒定值不变。

(3) 气流输送。

当空气流速继续增加并超过一定限度时，稳定的沸腾状态被破坏，颗粒被气流携带而出，这种运动形式称为气流输送，对应的燃烧状态为悬浮燃烧。此时，料层已经不存在，阻力下降，携带固体颗粒飞走的空截面气流速度称为极限速度（或带出速度），在数值上等于颗粒在气流中的沉降速度。

综上所述，如果要保持料层的流态化，关键在于控制适当的气流速度，气流速度 μ 大于临界流化速度 μ_{mf}，而小于极限速度 μ_t，即 $\mu_{\mathrm{mf}} < \mu < \mu_{\mathrm{t}}$。

2. 流化床的特点

在流化床的床料中，炽热的灰渣占 95%，犹如一个巨大的蓄热池，仅占床料 5%的新燃料一进入沸腾床，就会被床料吞没迅速点火燃烧。如此优越的点火条件，是其他燃烧方式所无法比拟的，几乎可以燃烧任何燃料。流化床中固体颗粒的扰动极为剧烈，燃料不仅点火迅速，而且与空气混合良好，温度均匀，在较低的过量空气系数（$\alpha = 1.1$）下即可充分燃烧。

流化床一般采用石英砂作为惰性粒子（直径为 1.0 mm），占床料的 90%~98%。依据气固两相流理论，当流化床中有两种密度或粒径不同的颗粒时，床中的颗粒会出现分层流化的现象，两种颗粒沿床高形成相对浓度的分布。占份额较小的燃料颗粒粒径大而轻，在床层表面附近浓度较高，在底部的浓度接近于零。即使在较低的风速下，较大的燃料颗粒也能良好地流化，不会向床层底部沉积，这一点已为实验所证实。为了防止炉温过高导致料层结渣，破坏正常的流化，料层的温度一般控制在 800 ℃~900 ℃，属于低温燃烧。这种燃烧方式可减少 NO_x 的生成。

鼓泡流化床主要由送料机构、布风板、风室、燃烧室、受热面与溢流口等组成。燃烧室由沸腾段和悬浮段组成。沸腾段的范围自布风板上方至溢流口下沿以上 150~200 mm 的空间，高度一般为料层静止厚度的 2~2.4 倍。沸腾段的主要作用是在布风板一定高度范围内形成足够的气流速度，以保证良好地流化，防止颗粒分层。沸腾段的上方是悬浮段，主要作用是降低被气流携带的颗粒的速度，使颗粒重新落回沸腾段，同时延长细小颗粒的滞留时间。

一般采用辅助热源将料层中的惰性粒子加热。新燃料通过送料机构连续输送至燃烧室料层下方，固体颗粒尺寸小于 80 mm。从布风板下面的风室向上输送空气（称为一次风），气流速度为 1.0~2.5 m/s，引起料层的沸腾。埋设在沸腾段的受热面主要以接触的方式交换热量。由于流化作用，炽热的颗粒与管壁频繁地进行有效碰撞，且固体颗粒的比热容远大于气体，强化了传热过程，因此具有较高的传热系数。

但是，鼓泡流化床排出的烟气中含尘浓度较高，增加了烟气净化系统负担；鼓泡流化床排出的飞灰中可燃物含量一般都比较高，固体不完全燃烧热损失大，导致热效率降低；埋设在沸腾段的受热面磨损较严重；鼓泡流化床在低负荷运行时一般较为困难；相比层燃方式，鼓泡流化床的投资及运行费用较高。

3. 循环流化床

鼓泡流化床在使用宽筛分燃料时，带出燃烧室的细颗粒份额较大，固体未完全燃烧热损失高，燃烧效率低。为克服上述缺点，用于收集飞灰并进行再循环燃烧的流化床技术应运而生。

循环流化床锅炉的燃料及脱硫剂从流化床布风室上部给入，在炉内燃烧并发生化学反应。循环流化床的流化速度可提高至 5~10 m/s，在较高气流速度作用下，大量固体颗粒被携带出燃烧室，经高温旋风分离器分离后，返回到燃烧室继续燃烧。经旋风分离器导出的高温烟气，在尾部烟道受热面换热后，通过除尘器从烟囱排出。更强的扰动带来了更好的传热效果和更均匀的温度分配，可适用更小的粒子（直径为 0.2~0.4 mm）。循环流化床燃烧技术与其他技术相比，其燃料适应性更强，燃烧效率高，能达到 95%~99%，主要应用于超过 30 MW 的系统。

循环流化床主要由燃烧室、飞灰分离收集装置、飞灰回送装置及外部流化床换热器等组成，分别说明如下：

（1）燃烧室。

以二次风入口为界线，将燃烧室分为两个区域：二次风入口下部为大粒子还原气氛燃烧区，属密相区；上部为小粒子氧化气氛燃烧区，属稀相区。燃料的燃烧及脱硫过程主要在燃烧室内完成。一般燃烧室内布置受热面，主要完成大约 50%的热量传递过程。

（2）飞灰分离收集装置。

这是循环流化床的关键部件之一。其形式决定了燃烧系统和锅炉整体布置的形式和紧凑性，影响燃烧室气动力特性、传热特性、飞灰循环和燃烧效率等。其主要形式包括高温耐火材料砌筑的旋分子分离器、水冷或气冷旋分子分离器、惯性分离器及多管分离器等。

（3）飞灰回送装置。

将分离器收集下来的飞灰送回燃烧室循环燃烧，且保证燃烧室的高温烟气不经过飞灰回送装置短路流回分离器。通常采用非机械式装置，包括自动调节型送灰器和阀型送灰器。

（4）外部流化床换热器。

可以使收集下来的飞灰全部或部分地通过外部流化床换热器冷却至 500 ℃，然后再送回床内燃烧。并不是所有的循环流化床都配有外部流化床换热器。

（三）悬浮燃烧技术

生物质悬浮燃烧技术与煤粉燃烧技术类似，几乎是大型锅炉的唯一燃烧方式。对大型的燃煤系统而言，煤粉炉具有效率高、燃烧完全等优点，已成为标准的燃烧系统。

在悬浮燃烧系统中，生物质（如锯末、刨花等）需要进行预处理，颗粒尺寸要求小于 2 mm，含水率不能超过 15%。首先将生物质粉碎至细粉，然后将经过预处理的生物质与空气混合后一起切向喷入燃烧室内，形成涡流呈悬浮燃烧状态，增加滞留时间。通过采用精确的燃烧温度控制技术，悬浮燃烧系统可以在较低的过剩空气条件下高效运行。采用分阶段配风以及良好的混合可以减少 NO_X 的生成。

但是，由于颗粒的尺寸较小，高燃烧强度会导致炉墙表面温度较高，使构成炉墙的耐火材料损坏速率加快。此外，悬浮燃烧系统需要辅助启动热源，当炉膛温度达到规定的要求时，才能关闭辅助热源。

二、生物质燃烧发电

生物质燃烧发电技术根据不同的技术路线，可分为汽轮机、蒸汽机和斯特林发动机等。

（一）汽轮机发电技术

汽轮机是将蒸汽能量转换为机械功旋转式动力机械，是蒸汽动力装置的主要设备之一。它在发电和热电联产领域已是相当成熟的技术，是现代电力生产中最主要的热动力装置。汽轮机一般应用于中型或大型的发电系统，装机容量为 5~500 MW。

生物质在锅炉中燃烧释放出热量，产生高温、高压的水蒸气（饱和蒸汽），在蒸汽过热器吸热后成为过热蒸汽，进入汽轮机膨胀做功，以高速度喷向涡轮叶片，驱动发电机发电。做功后的乏气向冷却水释放热量后凝结为水，经给水泵重新进入锅炉，完成一个循环。简单的蒸汽动力装置的理想循环称为 Rankine 循环，其中各个阶段分别如下：

（1）1~2：在水泵中的绝热压缩，状态变化迅速，尚未发生热交换，系统与外界之间为绝对热绝缘，此过程为定熵过程。

（2）2~3：在预热器中定压加热至饱和温度。

（3）3~4：在生物质锅炉中加热气化。

（4）4~5：在蒸汽过热器中过热。

（5）5~6：在汽轮机中绝热膨胀（实际过程），其中5~6，为理想过程。

（6）6~1：在冷凝器中完全凝结，释放出热量。

汽轮机发电的效率取决于水蒸气进入汽轮机的压力（初压），初压越高，发电效率就越高。但由于生物质中的CI含量较高，较高的压力和温度会带来蒸汽过热器腐蚀的问题，限制了初压的提高。为了解决上述问题，可以在蒸汽过热器中使用天然气等辅助燃料。

另外，为了提高发电效率，应尽可能降低冷凝器出口的水温。如果不采用热回收技术，而是将乏气暴露在大气中，水温将依赖于环境温度（大约在30 ℃），大型发电系统（初压超过20 MPa）的发电效率将超过40%。在热电联产系统中，冷凝温度为90 ℃~140 ℃，其发电效率大约为10%，但总效率可以达到80%。

（二）蒸汽机发电技术

蒸汽机是将蒸汽的能量转换为机械功的往复式动力机械。它的出现引发了18世纪的工业革命，直至20世纪初，它仍然是世界上最重要的原动机，后来才逐渐被内燃机和汽轮机等取代。每台蒸汽机的装机容量为50~1200 kW，因此可应用于小规模系统和中型系统。其发电过程与汽轮机类似，也采用Rankine循环。

蒸汽机发电效率由蒸汽的参数决定，单级蒸汽机的效率为6%~8%，多级蒸汽机效率为12%~20%。它的初压一般为600~6000 kPa，背压为0~2500 kPa。

（三）斯特林发动机发电技术

斯特林发动机是一种外燃闭式循环往复活塞式热力发动机，它以氢、氮、氦或空气等作为工质，按斯特林循环进行工作。

在斯特林发动机封闭的汽缸内充有一定容积的工质，汽缸一端为热腔，另一端为冷腔。工质在低温冷腔中压缩，然后流到高温热腔中迅速加热，膨胀做功。燃料在汽缸外的燃烧室内连续燃烧，通过加热器传热给工质，工质并不直接参与燃烧过程。其中各个阶段如下：

（1）1~2：定温压缩过程，活塞从下止点向上压缩工质，工质流经冷却器时将压缩产生的热量散掉。

（2）2~3：定容加热过程，低温工质流经加热器时吸收热量，使温度升高。

（3）3~4：定温膨胀过程，配气活塞继续下行，工质在热腔中膨胀，推动活塞向下并对外做功。

（4）4~1：定容冷却过程，工质温度下降至冷腔温度，压力随之下降。

理论上，定容储热量等于回热量，其循环效率等于卡诺循环效率。考虑到摩擦力、热损失和压力损失等因素，发电的实际效率为15%~30%。除了高效率以外，斯特林发动机还可以使用各种形态的能源，无论是固态、液态还是气态燃料，发动机本身（除加热器外）不需做任何更改。此外，如果采用木材作为燃料，可能会腐蚀加热器表面，因此需要采用特殊材料。

虽然斯特林发动机在发电领域并没有完全商业化，但在丹麦、英国、德国和奥地利，生物质斯特林发动机发电系统已取得一定的发展。

与100~1 500 MW燃煤电厂相比，典型的生物质发电动力锅炉容量范围为20~50 MW。从经济因素考虑，小容量电厂效率较低，设备效率的提高无法补偿在小系统中支付的费用。尽管当前的技术可将生物质水蒸气发电效率提高到40%，但目前典型电厂的效率仅为20%。当下，人们正在研究利用热烟气直接发电技术，以避免蒸汽循环的高运行成本，并已经取得了一些成果，如斯特林发动机，其他新技术（如“热空气涡轮机系统”、有机油Rankine循环等技术）也在研发中。

三、热电联产

发电厂锅炉产生的蒸汽驱动汽轮发电机组发电以后，排出的乏气仍含有大量的热能，而这些热能却被冷却水带走白白损失，因此热效率较低，仅为20%~40%。如果蒸汽驱动汽轮机之后的乏气热量能够加以利用，既能发电又能提供热量，这种生产方式称为热电联产（Combined Heat and Power Production，CHP）。热电联产过程中同时生产热量和电力，是一种高效的能源利用形式，热效率可达80%~90%，能源利用效率比单纯发电提高约一倍以上。它将不同品位的热能分级利用（高品位的热能用于发电，低品位的热能用于集中供热），提高了能源的利用效率，减少了环境污染，具有节约能源、改善环境、提高供热质量、增加电力供应等综合效益。

热电联产的技术种类较多，按照供热机组的类型可分为背压、抽气背压、单抽汽、双抽汽、凝汽机打孔抽汽、凝汽机低真空运行循环水供热等。热电联产有多种应用类型，包括大型热电厂、区域性热电厂、企业自备热电厂及多功能热电厂等。

四、生物质与煤的混合燃烧技术

由于秸秆松散，能量密度低，大规模收集、运输和储存的费用较高。以秸秆为燃料的生物质发电厂规模受到原料收集半径的限制，装机容量通常为兆瓦级，与煤电相比有较大差距，因而发电效率较低，仅为20%~30%。此外，秸秆供应具有周期性，每年集中在农作物收获时节的几个月内。为了保证常年供电需存储大量秸秆，需要大量的贮藏空间，进一步增加了投资成本，且存在着天气影响和火灾隐患等问题。因此，与常规燃煤电厂相比，生物质能发电存在着投资成本高和效率低等缺点。

生物质—煤混合燃烧是将生物质在传统的燃煤锅炉中与煤混合燃烧的技术，属于可再生能源和化石能源的综合利用范畴。它充分地利用了现有燃煤发电厂的巨额投资和基础设施，现阶段是一种低成本、低风险、可再生的能源利用方式，可有效弥补化石燃料短缺，减少传统污染物（SO_2、NO_x 等）和温室气体（CO_2，CH_4 等）的排放，保护生态环境，同时促进生物质燃料市场的形成，发展区域经济，提供就业机会。

电站装机容量通常在 50~700 MW，少数系统在 5~50 MW。燃料包括农作物秸秆、废木材、城市固体废物以及淤泥等。混合燃烧的主要设备是煤粉炉，也有使用层燃炉和流化床技术的。另外，将固体废物（如生活垃圾或废旧木材等）放入水泥窑中焚烧也是一种生物质混合燃烧技术，现已得到应用。

实际上，如何对现有燃煤电厂进行改造以适应生物质燃料需要，是发展生物质与煤混合燃烧技术的主要挑战。当生物质占总燃料的比例低于 20%时，一般不需要改变现有电厂的任何设备。对已存在的燃煤电厂进行技术改造的主要技术风险是可能降低系统的可用性和灵活性，增加系统维护和运行成本。

混合燃烧是生物质利用现有电厂的设备，部分替代传统化石燃料进行利用的一种形式，技术十分简单，具有很大的发展潜力。混燃技术可分为直接混合燃烧、间接混合燃烧和并联燃烧三种方式，各具优缺点，均已在示范或商业化项目中得到应用。

（一）直接混合燃烧

直接混合燃烧是指经前处理的生物质直接喂入燃煤锅炉中使用，可分为四种基本形式。第一种形式，生物质燃料与煤在给煤机的上游混合，然后被送入磨煤机，按混合燃烧要求的速度分配至所有的粉煤燃烧器。原则上这是最简单的方案，投资成本最低。但存在降低燃煤锅炉出力的风险，仅用于有限类型的生物质和非常低的混合燃烧比例。第二种形式，将生物质搬运、计量和粉碎设备独立开来，再输送至管路或燃烧器。这种形式需要在锅炉正面安装生物质燃料输送管道，会使锅炉正面显得更加拥挤。第三种形式，同样也将生物质的搬运和粉碎独立开来，并使用专用燃烧器燃烧，其投资成本最高，但对锅炉正常运行影响最小。第四种形式，将生物质作为再燃燃料，控制 NO_x 的生成。生物质在位于燃烧室上部、为特定目的而设计的燃烧器中燃烧。目前该形式仅进行了小规模的试验，是未来的发展方向。

（二）间接混合燃烧

间接混合燃烧是指生物质气化后，将产生的生物质燃气输送至锅炉燃烧。这相当于用气化器替代粉碎设备，也就是将气化器认定为生物质燃料的一种前处理形式。大多数混合燃烧锅炉机组选用以空气为气化剂的常压循环流化床木屑气化炉技术。间接燃烧无须气体净化和冷却，投资成本较低，气化产物在 800 ℃~900 ℃时通过热烟气管道进入燃烧室，锅炉运行时存在一定风险。替代方案是在生物质燃气进入锅炉燃烧室前先冷却和净化。

采用气化利用方式时，先将生物质在气化炉中气化，产生燃气（主要成分为 50%的 N_2 以及 CO、CO_2、CH_4、H_2 和 H_2O 等）的热值较低，经简单的净化处理后，直接输送至锅炉燃烧室与煤进行混合燃烧。

气化利用方式产生的燃气的温度为 800 ℃～900 ℃，不需要经过净化和冷却过程，在炉内完全燃烧时间短，且可将生物质灰与煤灰分离，具有一定的灵活性。

（三）并联燃烧

并联燃烧是指生物质在独立的锅炉内燃烧，将生产的蒸汽供给发电机组。并联燃烧使用了完全分离的生物质燃烧系统，产生的蒸汽用于主燃煤锅炉系统，可提高工质参数，转化效率较高。间接混合燃烧和并联燃烧装置的投资高于直接混合燃烧装置，但可利用难以使用的燃料（如高碱金属和高氯元素含量的燃料），分离生物质灰和煤灰。

五、秸秆灰的利用

秸秆灰是秸秆燃烧后的残余物，一般为秸秆总量的 3%～5%，也是草木灰的一种。一部分灰分来自炉底，即“底灰”；另一部分灰分在锅炉内随着助燃空气流动，进入除尘系统，称为“飞灰”。大部分飞灰在除尘系统中被分离出来，其他的以颗粒形式通过烟囱进入大气。从秸秆锅炉中收集到的底灰和飞灰，其中含量最高的是钾元素，一般含钾 6%～12%，其中 90%以上是水溶性，以碳酸盐形式存在；其次是磷，一般含 15%～3%；还含有钙、镁、硅、硫和铁、锭、铜、锌、硼、钼等微量营养元素。在等钾量施用秸秆灰时，肥效好于化学钾肥。因此，它是一种来源广泛、成本低廉、养分齐全、肥效明显的无机农家肥。

秸秆灰在农业生产上主要作为钾肥施用，此外还具有防寒、杀菌消毒、抑制病虫害发生、促进作物茎秆健壮和增强作物抗逆性等多方面的作用。

第一，防治蚜虫。秸秆灰为碱性，有很细的微粒，若接触吸浆虫成虫、麦蚜、麦蜘蛛、麦叶蜂等虫体软嫩的害虫，可使其气孔阻塞、生理失常，进而杀伤部分害虫。用 10 kg 秸秆灰加水 50 kg，浸泡一昼夜后取滤液喷洒，可防治果树、蔬菜及花卉等作物上的蚜虫。露水未干时在蔬菜等作物上追撒新鲜秸秆灰可有效防治蜡虫、菜青虫等害虫。

第二，防治韭菜、大蒜根蛆。发现韭菜、大蒜有根蛆危害时，将秸秆灰撒在叶上可防治其成虫，撒在根部可防治幼虫（根蛆）。

第三，防治潜叶蛾。在柑橘抽梢期，当新梢长至 3 cm 左右时开始，至新梢老熟时为止，每隔 5～7 天撒一次秸秆灰，连续撒 5～6 次，并在间隔期内遇雨后及时补撒。在早上露水未干时，或在雨后，或在喷水后进行操作，将秸秆灰撒于柑橘新梢叶片的叶面及叶背，整个梢期保持叶片常黏附灰粉直至枝梢叶片老熟。此方法适用于苗圃、幼年柑橘园及盆栽观赏橘类潜叶蛾防治。

第四，防治秧苗白叶病。秧田每亩用秸秆灰 10 kg、茶饼 10 kg、硫黄粉 1 kg、石灰 15 kg，混合后均匀撒施在秧板田（早、中、晚稻）上，可有效防治秧田白叶枯病。

第五，防治稻瘟病。每亩用秸秆灰 30 kg、生石粉 10 kg，混合抖匀撒施或过筛喷粉；

也可单独撒施秸秆灰 25 kg，上述方法对稻瘟病有较好的防治效果，且可兼治白叶枯病。

第六，用秸秆灰杀菌消毒。新鲜秸秆灰撒在畜禽的棚舍内进行杀菌消毒，可提高畜禽抵抗病菌的能力，减轻或抑制病害。

第七，贮藏种子、番薯、马铃薯。秸秆灰具有吸湿、吸热、保温及抑制生物活动的功能。把瓦罐、瓦缸等贮具洗净擦干，用秸秆灰垫在底部，上面铺一层牛皮纸，把种子放在牛皮纸上，装好后用塑料薄膜封口，储存效果良好，有利于播种后实现齐苗、全苗、壮苗。选择没有伤口的马铃薯、番薯，用秸秆灰全部覆盖，贮藏保鲜期可达半年。

秸秆灰在林果生产中也具有广泛的用途，它不仅能有效促进种子发芽、果树生根，还具有防止落叶、改善果实品质、防止病虫害、提高果树抗旱性等作用。

第一，促进种子发芽。将林木种子播下后，用秸秆灰盖种 0.5～1 cm，可提高土温，保持土壤疏松通气，促使种子提前发芽，且出苗整齐、健壮，成苗率高。

第二，促进生根。在苗木移栽中，用秸秆灰配合有机肥做底肥，或在配制营养土时掺入 5%～20%的秸秆灰，不仅可增加底肥和营养土的有效养分，促进根系生长，还有减轻病虫害的作用。

第三，防止落叶。喷施 10%秸秆灰浸出液（新鲜秸秆灰 10 kg，加入清水 100 kg 充分搅拌，静置 14～16 h 后过滤，除渣澄清后即可喷施）作为补充养料，可提高叶片活力，防止早期落叶，增强光合作用，促进花、果美观。

第四，改善果实品质。秸秆灰除含钾、钙等大量营养元素外，还含有铁、镁等多种微量元素，且具有速效性，是一种优质叶面肥。开花前后在叶面喷施 50%～80%秸秆灰浸出液，可促使枝叶青绿，增强光合作用，减少花果脱落，促进花、果着色艳丽，延长观赏期，提高果实品质。

第五，抑制病虫害。每亩苗圃撒施秸秆灰 30～50 kg，可杀死地下病虫与病菌，保护种子、根、茎，减少病虫害，防止立枯病、炭疽病的发生。果园施用秸秆灰，可控制白粉病、果实锈病的发生，每株施秸秆灰 2.5～5 kg 还有防治根腐病。此外喷施 2%～3%秸秆灰浸出液，可防治花、果上的蜡虫、红蜘蛛等害虫，并能提高梨木虱的药防防治效果。

第六，提高果树抗旱性。对灌溉条件欠佳的旱地果树，连续喷 2～3 次 5%～6%的秸秆灰浸出液，可提高果树的抗旱性。秸秆灰中含有大量的钾离子，既能有效降低果树叶片蒸腾水的强度，增强树体抗旱、抗高温能力，又能促进碳水化合物的运转，提高树体的抗病、抗虫能力。需要注意的是，秸秆灰属碱性，不可与酸性肥料、农药混用，叶面喷施秸秆灰浸出液前，须过滤澄清后再使用，以防对叶、花、果造成污染。

第四章　秸秆热解气化技术

第一节　秸秆热解气化的工艺与设备

秸秆热解气化技术是近年发展起来的一项较新的秸秆利用技术，即将秸秆转化为气体燃料的热化学过程。秸秆热解气化得到的可燃气体既可以直接作为锅炉燃料供热，又可以经过除尘、除焦、冷却等净化处理为燃气用户集中供气，还可以驱动燃气轮发电机或燃气内燃发电机发电。秸秆直接当燃料使用时，其燃烧热效率仅为10%~20%。而将生物质气化成气体燃料后再使用，热效率可提高30%以上。因而对生物质进行热化学处理制取可燃气体是一种很有前景的能源开发方式。

一、我国农村推广秸秆气化的意义

（一）提高农民生活质量

秸秆类生物质气化集中供气，解决了农民炊用直接燃烧秸秆的麻烦，做到了“一人烧火，全村做饭”，使农民享受与城市居民使用管道煤气同样的便捷条件，提高了农民的生活质量，有利于加速农村城镇化建设。

（二）减少农村大气环境的面源污染

秸秆类生物质气化集中供气，避免了“家家点火，户户冒烟”的室内空气污染及室外大气面源污染问题。如果全国农村都实现秸秆类生物质气化集中供气，每年可减少 CO_2 等大气污染物排放量4000万吨以上，对改善大气环境具有重要的现实意义。

（三）充分利用可再生能源，节省不可再生能源资源

石油、天然气和煤炭等不可再生能源资源的储量固定有限，随着开采量的增加，储量逐年减少。现在各国均在加强新能源的开发利用研究。秸秆类生物质气化集中供气，属于传统能源利用向清洁能源转型的新途径，其气化后可燃气不仅可用作炊事燃料，还可用于供热、发电。采用热裂解液化技术（国际生物质能研发前沿技术），可将其转化为高品质、易储存、易运输、能量密度高且使用方便的代用液体燃料（生物油），还可通过进一步改进加工，使其在热值、理化特性等关键品质方面接近柴油和汽油；此外还可从中提取具有商业价值的化工产品。相比于常规石化燃料，生物液体燃料因其所含的硫、氮等有害成分

极其微小，可视为21世纪的绿色燃料。以此可再生能源代替不可再生能源，具有重大意义。

我国大部分地区天然气资源匮乏，每户入网费用高达数千元，而秸秆气化工程每户只需数百元即可入网；可燃气的市场价格也远远低于天然气，农民易于承受。此外，天然气作为一种不可再生的资源，是重要的化工原料，直接燃烧是一种巨大的能源浪费。

（四）美化环境

农民因传统习惯，将秸秆堆放在房前屋后，致使安全和健康隐患（安全隐患是指秸秆堆遇到火源很容易引起火灾，健康隐患是指秸秆堆中容易滋生各种病菌，给人及禽畜带来疾病）滋生，影响村容、村貌。而秸秆气化供气系统方便、卫生，可消耗相当部分秸秆，改善炊事、庭院和乡村环境卫生，有利于生态农业建设和生态家园建设，环境效益显著。

（五）降低生活成本

除了可以提高秸秆类生物质利用效率和利用价值、提高农民生活质量和生活品位、减少农村大气环境的面源污染、充分利用可再生资源以及美化净化环境，在农村推广秸秆气化还可以降低农民生活成本中的燃料费用，使农民有更多的资金去改善生产生活条件。据统计，一个四口之家使用液化气炉、传统煤炉、蜂窝煤炉、秸秆燃气炉每月的燃料费用分别为75元、75元、48元和0元（使用秸秆燃气炉，由于原料秸秆为农民家自有，不需计算成本）。可见，推广秸秆气化可以使农民花费更少的钱享受更高的生活质量。

二、秸秆热解气化的原理

（一）秸秆热解气化的原理

生物质热化学转换是用加热的方法使生物质发生化学反应，产生燃料和化学物质的过程。生物质热转化方法包括：木干馏、气化和热解三种工艺。木干馏主要产生木炭；气化主要产生燃气，而热解主要产生热解油。实际上生物质热化学转化的每种工艺都会同时得到这三种产物，只不过相对量不同而已。

秸秆热解气化是生物质热化学转换的一种技术，其基本原理是秸秆原料进入气化炉后被干燥（干燥区），随温度升高析出挥发物，在高温下热解（热解层）；热解后的气体和炭在气化炉的氧化区与气化介质发生氧化反应并燃烧；较高分子量的有机碳氢化合物的分子链断裂，在还原区发生还原反应，最终生成了较低分子量的CO、H_2、CH_4、C_nH_m等混合气体。

生物质由纤维素、半纤维素和木质素种主要成分及一些可溶于极性或非极性的提取物组成。其热解机理可分别描述如下。

1. 纤维素的热解机理

纤维素是植物细胞壁的主要组成成分，也是自然界中大量存在的天然高分子物质，它是由基本结构单元D-吡喃葡萄糖苷通过β-1，4-糖苷键联结成的线性大分子，分子式为$(C_6H_{10}O_5)_n$。聚合度n的数值为几百至几千，甚至一万以上。其热裂解过程如下：

$$(C_6H_{10}O_5)_x \rightarrow XC_6H_{10}O_5$$

$$C_6H_{10}O_5 \rightarrow H_2O + 2CH_3COCHO$$

$$2CH_3COOH \rightarrow CH_3COCH_3 + H_2O + CO_2$$

$$CH_3COOH \rightarrow CH_4 + CO_2$$

葡萄糖二次反应，中间产物脱水，生成羟甲基糠醛，一定温度下羟甲基糠醛可以分解生成糠醛和甲醛。

同时，甲醛受热会进一步分解，热解反应如下：

$$HCHO \rightarrow CO + H_2$$

$$CH_3OH \rightarrow CO + H_2$$

$$CH_3OH \rightarrow CH_2O + H_2$$

$$CH_3CH_2OH \rightarrow CH_2 = CH_2 + H_2O$$

2. 半纤维素的热解机理

半纤维素是穿插于纤维素和木质素间的聚糖混合物，它由不同的糖单元构成，主要有：D-木糖基、D-甘露糖基、D-葡萄糖基、D-半乳糖基、L-阿拉伯糖基、4-O-甲基-D-葡萄糖醛酸基、D-半乳糖醛酸基、D-葡萄糖醛酸基、L-鼠李糖基、L-岩藻糖基以及各种带有氧—甲醛、乙酰基的中性糖基。分子链且带有支链，支链越多稳定性就越差。因此，它比纤维素更易降解，其降解的机理与纤维素相似。在热解过程中，其支链的乙酰基断裂，生成乙酸。低温环境下木聚糖的热解过程主要体现为其支链上的4-O-甲基-D-葡萄糖醛酸单元发生分解过程，即4位C的脱甲氧基反应形成甲醇，6位C发生脱酰基反应得到CO_2气体，而吡喃糖单元发生2个连续的脱水反应得到糠醛并形成水。

3. 木质素的热解机理

木质素是一种复杂的，非结晶性的、三维网状酚类高分子聚合物，也是生物质中含量仅次于纤维素的有机高聚物，它的化学结构不同于纤维素、半纤维素相对简单的碳水化合物结构，而是较为复杂的芳香族聚合物。

木质素热解过程中，随着温度升高，木质素结构中的各种键开始断裂生成各种自由基，自由基间可能发生聚合及环化等反应从而生成各种芳香族化合物，如苯酚类及其烷基衍生物。主要产物为邻甲氧基苯酚、邻苯二酚、苯酚等。

（二）生物质气化的主要参数

1. 当量比（ER）

当量比指自供热气化过程所消耗的空气（氧气）量与完全燃烧所需要的理论空气（氧气）量之比，是气化过程的重要控制参数。当量比大，说明气化过程消耗的氧量多，反应温度升高，有利于气化反应的进行，但燃烧的生物质份额增加，产生的 CO_2 量增加，使气体质量下降，理论最佳当量比为 0.28。由于原料与气化方式的不同，实际运行中，控制的最佳当量比在 0.2~0.28。

2. 气体产率（G_v，米^3/千克）

单位质量原料气化处理后产生气体燃料的体积。

3. 气体热值（Q_v，千焦/米^3）

气体热值是指单位体积燃料所包含的化学能。

气体燃料的低值简化计算公式为：

$$Q_v = 126CO + 108H_2 + 359CH_4 + 665C_nH_m$$

式中，C_nH_m ——碳氢化合物 C_2~C_3 细分的总和。

4. 碳转化率（η_c）

碳转化率指固体生物质燃料中的碳转换为气体燃料中的碳份额，即气体中含 C 量与原料中含 C 量之比，是衡量气体效果标准的指标之一。

$$\eta_c = \frac{12CO_2 + CO\% + 2.5C_nH_m\%}{22.4 \times 298 \div 273} \times G_v$$

5. 气化效率（η）

气化效率又称冷气体热效率，指单位生物质燃料转换成气体燃料的化学能（热值）与生物质原料的热值之比，是衡量气化过程的主要指标。

$$\text{气化效率} = \frac{\text{冷气体热值(千焦/米}^3\text{)} \times \text{干冷气体率(米}^3\text{/千克)}}{\text{原料热值(千焦/千克)}}$$

6. 生产强度［千克/（米^2·小时）］

生产强度是指单位时间、每单位反应炉截面积处理原料的能力。

三、秸秆热解气化工艺

早年的生物质气化技术主要使用木炭，即先将木材烧成木炭，贮存起来作为气化器的原料。优点是木炭的发热值高，得到的燃气杂质含量较低，适合于木炭汽车所用。后来生物质气化技术也直接使用一些优质木材，那时的气化器不能使用农作物秸秆和草类原料，而认为秸秆是不适宜于气化工艺的。从中可以发现，秸秆和草类原料的元素组成和木材相比，除灰分较高、热值偏低外，并无显著区别。生物质中可以转换为能量的元素成分主要是碳、氢和氧，且各种生物质原料的中这三种元素相对含量差别极小。和木材等类似，秸秆类原料也具有作为气化原料的物质基础，说明气化工艺理论上可适配更广泛原料。

秸秆气化的方式主要分为四种，分别是常压气化、加压气化、间接气化、水热气化。不同条件下的气化要求各有不同。

（一）常压气化

常压气化是在 0.1～0.12 兆帕环境中进行，与加压气化相对，由于直接气化要保持温度在 800 ℃以上，气化剂必须采用空气或者氧气，并根据不同目的混入水蒸气。

生成的气化气体的发热量取决于可燃气的含有比例，根据其高位发热量，可分为低热量气体、中热量气体、高热量气体。在以空气为气化剂时，氧气比越高生成气体的发热量越低，但是其单位体积发热量和燃烧性质之间没有必然的关系。在以空气为气化剂时，反应区的温度常常较低，焦油的产生量会增加。因此，富氧空气或者氧气作为气化剂时要根据不同的目的相应地通入水蒸气。

（二）加压气化

加压气化与常压气化的原理相同，但是其装置的构造、操作、维护等都更加复杂，硬件技术难度也更大。且加压气化得到的气体并不比常压气化的气体更优质。但是加压气化的气化炉可以小型化设计，降低气化装置的费用；在一些特定的合成中，加压后的反应比未加压时的反应温和得多，所以加压气化有存在的必要。

加压气化几乎都采用直接气化，其气化原理与常压气化一致。加压气化的过程中，生物质的 20%～40%与气化剂中的氧气反应，生成的热量能保持 800 ℃以上的高温，同时剩余的物质与气化剂反应。

加压气化有以下变化趋势：①当气化剂中的氧元素量不足时，压力的影响更为显著；②当气化剂为空气或者氧气，氧气与原料之比小于 20%时，炭黑、木炭的产量会增加，且压力越高产量越大；③在气化剂为水蒸气和空气混合时，氧气在水蒸气之前反应，如果水蒸气供应不足，则可以抑制炭黑和木炭的产生，受压力影响较小；④气化剂中水蒸气供给充足时，根据化学平衡气体组成为 H_2、CO、CO_2，但是实际上还会生成 CH_4、C^{2+}，随着压力的上升，CH_4、C^{2+}的含量也随之上升；⑤若反应的时间足够长，C^{2+}与水蒸气反应生成 H_2 而减少，而 CH_4 的反应十分缓慢，其反应受压力影响；⑥炭黑、木炭、C^{2+}几乎完全分解，生产清洁气体的过程一般不受压力的影响。

综上所述，加压是为了达到改善气化的目的。

（三）间接气化

间接气化不是用生物质燃烧热作为气化所必需的反应热，而是通过外部间接加热的方式。间接气化是与直接气化相对的专业术语，直接气化的部分燃烧生成的气体中无效的 CO_2 会增加，与此相对，间接气化能够更好地将 CO_2 的产生量控制在最小范围内，增加有效气体的浓度。

以生物质为原料的热化学间接气化在实际运用中存在较少，但是研究开发较多，具备良好的发展前景。间接气化时采用的气化剂不含氧气，所以间接气化也称为热分解气化和水蒸气改性。

间接气化是在热分解的同时，使高分子烃类与气化剂反应生成 H_2、CO、CH_4 等小分子气体的方法，热分解以及气化剂反应所需的热量通过反应体系外部提供，从外部供给反应的热的方式，包括在 10 分钟左右加热反应管外侧，以及采用流动床或循环流化床作为气化炉，将流动材料加热升温等。

气化剂一般为水蒸气，但是也有以 CO_2 作为气化剂的。间接气化基本上分为热分解与随后的二次反应，气化反应在 700 ℃以上可以发生，但从实际的反应速度考虑，800 ℃以上是必要的。间接气化有以下特征：①因为气化剂中不含氧气，所以可以得到 13~20 兆焦/米^3 的高热量气体；②主要成分为 H_2 和 CO，适用于作为生产合成气体的化学原料；③可以得到高浓度的 H_2 和 CO；④间接气化使用气化反应体系以外的热源。

（四）水热气化

水热气化是在高温高压的水中分解得到气体的技术。超过临界点温度压力的水和虽然在临界点以下但是在其附近值的温度压力的水，统称为水热状态下的水。将生物质等有机物置于水热状态的水中，能够迅速进行热分解和水解直至分解生成气体。根据需要采用镍和碳元素类非均相催化剂，或碳酸钠水溶液等均相催化剂催化反应。生成的气体通过冷却容易与水分离，可以回收用于供热、发电等场景。

由于高温高压，除了反应迅速之外，因为该水反应性能活泼，将有利于迅速促进纤维素的水解，形成的生成物为均相，木炭的产生被抑制。当反应产物冷却到室温时，生成气体与水容易分离。此外，水热气化属于热化学转化的一种，由于在水中进行反应，便具有适用于含水率较高的生物质的优点。通常的生物质流化床或快速热分解，必须进行生物质的干燥处理，这样，对生物质含水量较高的物质我们可以采用水热气化以减少费用和时间。

四、秸秆热解气化设备

生物质气化技术已有 100 多年的研究历史，从理论到实践积累了许多经验，取得了大量成果。在气化反应器方面，科研人员主要开发了三种形式的设备，即固定床反应器（又分为上吸式和下吸式两种）、流化床反应器和气流床反应器，反应器装置正趋向于大型化。工作介质有空气、氧气、空气/水蒸气、氧气/水蒸气等。近期研究的注意力多数集中于循环流化床和有催化剂的高压反应器。前者是出于装置大型化的考虑，后者是为了获得含氢最高的合成原料气。在该领域具有领先水平的国家有瑞典、美国、意大利、德国等。美国近年来在生物质热解气化技术方面有所突破，研制出生物质综合气化装置——燃气轮机发电系统成套设备，为大规模发电提供了技术样板。

（一）固定床气化反应器

固定床反应器具有反应腔，可用来容纳固体燃料。它构成一散堆，该散堆在上层包含一层薄的热解物质固体燃料，下方包含热解焦炭，最下方包含灰。固体燃料层通过辐射热从上方被加热，从而实现热解。从加热腔中出来的辐射热，可把散堆表面上相当薄的热解区加热到预定的温度，并在氧气不足时把气体排出。残留的热解焦炭和灰朝下排出，其中温度基本不变。因为辐射热不能进入散堆深处且散堆的热传导能力很弱，热解气体通过加热腔排出，其中焦油成分进行裂解。散堆可从下朝上被蒸汽、空气或蒸汽空气混合物穿流，以便对热解焦炭气化。

设置在反应腔中的搅拌装置，如形式为缓慢旋转的搅拌臂，用来均匀地分配热解物质，并在位于下方的热解焦炭上形成一层薄的热解物质层。搅拌装置缓慢地运动，不会出现物料漩涡或灰漩涡的情况。此外，气体流速极小，几乎没有灰被扬起。反应腔和加热腔都优选是向外绝热的。这可以改善效率，并实现至少短时间内的待机操作，而无须额外加热。如果要实现较长时间的待机操作，则反应腔可以设置辅助加热装置。例如，设置一个或多个气体燃烧器，电动加热器。

设置在加热腔中的加热装置是由钢材或陶瓷构成的辐射管，其装配有换热式燃烧器或蓄热炉，并把加热腔的温度保持在 1 000 ℃~1 250 ℃。因此，从热解物质中出来的焦油成分实现裂解，在理想情况下完全裂解成气态的成分 CO、H_2 和一些 CO_2。因此，优选在加热腔上设置排气装置。此外，加热腔中热解气体的平均逗留时间大于 1 秒，这有利于焦油成分的进一步裂解。排气装置可包含催化剂，其支持碳氢化合物的裂解以及向 CO 和 H_2 的转化。镍、焦油、石灰岩等可作为催化剂使用。

在排气装置上优选冷却装置，优选为急冷器，其通过气体的快速冷却避免了二氧化碳的形成。气体冷却装置可构成为空气预热器或蒸汽发生器，其中预热的空气和（或）产生的蒸汽可用来对热解焦炭气化。

在通过辐射管对反应腔进行加热时，由于熔化的灰组分低以及气体速度低，避免灰扬起，从而在反应腔和加热腔中避免了炉渣的形成。

固定床气化炉按气流方向又分为上吸式和下吸式两种，其中下吸式气化炉应用最广。下吸式气化炉的生物质原料由炉顶的加料口投入炉内，气化剂（空气、氧气）可以由顶部进入，也可以在喉部加入。气化剂与物料混合向下流动，在高温喉管区发生气化反应。相对于上吸式气化，强度高，工作稳定性好，可随时加料。由于燃烧区在热解区与还原区之间，干馏和热解的产物都要经过燃烧区，在高温下裂解 H_2 和 CO，使得气化中焦油量大为减少。

（二）流化床气化反应器

流动床通过从粒子充填层的下面供给气体，使流动媒体流动化，形成流动床（层）。上述粒子充填层中充填了从数十微米至数毫米的硅砂或氧化铁等的流动媒体粒子。流动床反应装置，是利用该流动床的流动性、均匀性、热容量的大小、表面积的大小等，使化学反应快速、稳定且均匀地进行的装置。用于石油精炼的接触分解炉、煤等固体燃料的燃烧炉、焚烧炉等，有很好的作用。

流动床气化炉，因有流动媒体，所以混合特性和传热特性好。与气流层反应装置相比，具有可投入燃料的大小和性状的限制少等优点。但缺点是，为了防止流动媒体和燃料中的灰分被高温相互溶融附着而阻碍流动，其运转温度比气流层反应装置低。其温度区域，以石油为燃料时在 900 ℃以下，以废弃物为燃料时，根据废弃物的性状而有所不同，通常在 600℃~800 ℃，当废弃物中含有碱金属类时则温度区域更低。

用较低的温度使废弃物或石油热分解、气化时，会产生焦油。通常，焦油在 600 ℃的温度区域气化，但当温度降到 200 ℃以下时则液化，其黏着性有时可能会引起操作上的麻烦。

1. 单流化床气化炉工作原理

单流化床气化炉是最基本、最简单的气化炉。单流化床气化炉只有一个流化床反应器，气化剂从底部气体分布板吹入，在流化床上同生物质原料进行气化反应，生成的气化气直接由气化炉出口送入净化系统中，反应温度一般控制在 800 ℃左右。

2. 循环流化床气化炉工作原理

循环流化床气化炉与单流化床气化炉的主要区别是在气化气出口处设有旋风分离器或滤袋分离器，循环流化床气化炉流化速度较高，产气中含有大量固体颗粒，在经过旋风分离器或滤袋分离器后，通过料脚使这些固体返回流化床，继续进行气化反应，提高了碳的转化率。循环流化床气化炉的反应温度一般控制在 700 ℃~900 ℃。

3. 双流化床气化炉工作原理

双流化床气化炉分为两个部分，即Ⅰ级反应器和Ⅱ级反应器。在Ⅰ级反应器中，生物质原料发生裂解反应，生成气体排出，后送入净化系统，同时生成的炭颗粒经料脚进入Ⅱ级反应器。在Ⅱ级反应器中，炭进行氧化燃烧反应，使床层温度升高。经过加温的高温床层材料，经过料脚返回Ⅰ级反应器，从而保证Ⅰ级反应器的热源。双流化床气化炉炭转化率较高。

4. 携带床气化炉工作原理

携带床气化炉是流化床气化炉的一种特例。它没有使用惰性床料，而是由提供的气化剂直接吹动生物质物料。该气化炉要求原料破碎成细小颗粒，运行温度高达 1 100 ℃~1 300 ℃，产出气体中焦油成分及冷凝物含量很低，碳转化率可高达 100%。由于运行温度高，易烧结，故选材较难。

各种类型的气化炉，都有一个最佳功率范围，在最佳功率范围内使用，各种技术指标都可达到设计优化值，如果超出此范围，其性能及效果均会受到影响。

（三）气流床气化反应器

生物质气流床气化反应器是指生物质被粉碎成一定细度的颗粒后，由气流携带进入气化炉，在大于 1 000 ℃的高温条件下进行气化反应，得到生物质气。该方法具有气流速度快、气化强度和反应温度高、生产能力大和环保性能好的优点。该技术最早应用于 20 世纪 80 年代初生物质直接液化技术，即生物质闪速裂解制备生物质油的技术。

（四）固定床气化炉与流化床气化炉性能比较

固定床气化炉与流化床气化炉有着各自的优缺点和一定的适用范围。下面从几个方面对流化床和固定床气化炉的性能进行比较。

1. 技术性能

固定床和流化床气化炉的设计连续运行时间一般都小于 5 000 小时。前者结构简单，坚固耐用；后者结构较复杂，安装后不易移动，但占地较小，容量一般较固定床要大。启动时，固定床加热比较缓慢，需较长时间才能达到反应温度；流化床加热迅速，可频繁起停。

运行过程中，固定床床内温度不均匀，固体在床内停留时间过长，而气体停留时间较短，压力降较低；流化床床温均匀，气固体接触混合良好，气固体停留时间都较短，床内压力降较高。固定床的运行负荷可在设计负荷的 20%~110%。

2. 使用的原料

流化床对原料的要求较固定床低。固定床必须使用特定种类的原料，并且要求原料的形状、尺寸尽可能一致；流化床使用原料的种类、进料形状、颗粒尺寸则无一致性要求。固定床使用原料的颗粒尺寸较大，流化床使用原料的颗粒尺寸较小。

固定床气化的主要产物是低热值煤气，含有少量焦油、油脂、苯、氨等物质，需经过分离、净化处理。流化床产生的气体中焦油和氨的含量较低，气体成分、热值稳定，出炉燃气中固体颗粒较固定床多，出炉燃气温度和床温基本一致。

固定床气化炉中，下吸式、上吸式气化炉产出的气体包括低热值的空气和中热值的氧气两个部分，开心式气化炉产出的气体主要为低热值的空气；流化床气化炉中，单流床气化炉产出的气体包括低热值的空气和中热值的氧气及蒸汽，双流床气化炉产出的气体为中热值的空气和蒸汽，循环床和携带床气化炉产出的气体主要为中热值的氧气。说明床体不同，气化炉产出的气体的热值不同。总体而言，流化床气化炉产出气体的热值高于固定床，固定床中开心式气化炉产出气体的热值较低。

3. 能量利用和转换

固定床中由于床内温度不均匀，导致热交换效果较流化床差，但固体在床中停留时间长，故碳转换效率高，一般达 90%~99%。流化床出炉燃气中固体颗粒较多，造成不完全燃烧，碳转换效率一般只有 90%左右。两者均具有较高热效率。

4. 环境效益

固定床燃气飞灰含量低，而流化床燃气飞灰含量高。其原因是固定床中温度高于灰熔点，可使灰熔化成液态，从炉底排出；而流化床中温度低于灰熔点，飞灰在出气时被带出一部分。所以流化床对环境的影响比固定床大，必须对所得燃气进行除尘净化处理。

5. 经济性能

在设计制造方面，由于流化床的结构较固定床复杂，故投资较高；在运用方面，固定床对原料要求较高，流化床对原料要求不高，故固定床运行投资高于流化床；固定床气化炉内温度分布较宽，这可能产生床内局部高温而使灰熔聚，引发容量低、启动时间长以及大型化较困难的问题；流化床具有气化强度大、综合经济性好的特点。综合考虑设计和运行过程，流化床比固定床具有更优越的经济性能，应该成为我国今后生物质气化研究的主要方向。

五、秸秆气化发电技术

由于我国当前经济高速发展，电力供应日趋紧张，许多地区和单位不得不使用高成本的柴油发电机作为应急供电设备。另外，我国对秸秆等价格便宜的农业生物质缺乏有效利用，有的甚至造成浪费及环境污染。在这种情况下利用农业生物质进行气化发电，经济效益可观。秸秆气化发电是目前研究与应用最多、装备最完善的技术。一般意义上讲，它是指先通过气化炉将生物质气化为可燃气，然后带动内燃机或燃气轮机进行发电。生物质气化发电有如下几种方式：

第一，作为蒸汽锅炉的燃料燃烧生产蒸汽带动蒸汽轮机发电。这种方式对气体要求不很严格，直接在锅炉内燃烧气化气即可。气化气经过旋风分离器除去杂质和灰分，即可使用，不需冷却。燃烧器在气体成分和热值有变化时，能够保持稳定的燃烧状态，排放物污染少。

第二，在燃气轮机内燃烧带动发电机发电。这种利用方式要求气化压力为1~30 MPa，气化气也不需冷却，但存在灰尘、杂质等污染的问题。

第三，在内燃机内燃烧带动发电机发电。这种方式应用广泛，而且效率较高。但这种方式对气体要求严格，气化气必须净化及冷却。

当前我国的气化发电系统受技术设备水平限制而主要采用前两种形式。第一种发电方式一般应用在流化床气化发电系统中，其规模大、小都可使用。目前，单一使用该技术发电的很少。

稻壳气化发电是国内最早使用的生物质气化技术。目前，秸秆气化发电技术较多。无论是固定床还是流动床，无论是大规模还是小规模，都有实际运行的实例。

（一）小规模秸秆气化发电系统

小规模秸秆气化发电系统的功率为2~160 kW，气化炉几乎都是下吸式固定床气化炉，这种炉具产出燃气焦油量较低，净化系统相对简单，对环境造成的危害较小，原料为木片、玉米秸等各类生物质，生产强度为200 kg/（$m^2 \cdot h$），燃气热值在5 000 kJ/m^3以下，采用内燃机发电机组。按内燃机运行方式分为单燃和双燃。单燃指内燃机只燃用生物质气化可燃气，双燃指燃用生物质气化可燃气的同时还需少量柴油。小规模秸秆气化发电系统装置的主要优点是设备紧凑，运行方便，适用性较强；缺点是系统效率较低，设备损耗大，不宜连续长时间运行，焦油净化效果不理想，清洗含焦油的水易形成二次污染，加料工人劳动强度较高，单位功率投资较大。因此这种装置适合照明或小型电机拖动，对缺电、缺油和生物质丰富的地区，如山区、林区、农场有一定的实用价值。

以单燃方式为例，目前这种装置可以达到如下指标：

功率范围：2~160 kW；

发电系统能量转化效率：11%~14%；

发电参数：达到正常的用电标准；

运行要求：每隔几十个小时需要更换过滤材料一次。

（二）中型秸秆气化发电系统

系统功率一般在500~2000千瓦，其组成与小型装置类似，由于气化设备容量较大，气化炉采用流化床或循环流化床形式，冷却过滤系统比小型系统完善，除焦采用催化裂解的方法，使90%以上的焦油裂解成永久性气体，水洗冷却塔中排水的焦油量可望达到排放标准，发电设备为内燃机发电机组。

这种设备多用于农村、农场、林场的照明用电或小工业用电，也适合粮食加工厂、木材加工厂等农村废弃物较多区域进行自供发电。

该系统可达到如下技术指标：

功率范围：500~2000千瓦；

发电系统能量转化效率：15%~20%；

发电参数：达到工业标准；

运行方式：连续。

（三）大型秸秆气化发电系统

大型秸秆气化发电系统发明于20世纪90年代，目前有两种技术路线，一种是整体气化联合循环，简称IGCC技术；另一种是热空气气轮机循环，简称HATC技术。

1. 整体气化联合循环发电系统

整体气化联合循环发电系统由物料预处理设备、气化设备、净化设备、换热设备（余热锅炉等）、燃气轮机、蒸汽轮机发电设备组成。功率范围在7000~30000 kW，效率可达35%~40%。气化炉为循环流化床或加压流化床，净化设备采用陶瓷滤芯的过滤器、焦油裂解炉及焦油水洗塔。这种系统的特点是原料处理量大，自动化程度高，系统效率高，适合工业化生产。

以常压生物质IGCC为例，系统可以达到如下技术指标：

输出功率：7000~30000 kW；

发电系统能量转化效率：35%~40%；

运行方式：长期连续。

2. 热空气气轮机循环发电系统

热空气气轮机循环发电系统包括原料加入系统、空气流化床或移动床气化炉、净化设备、燃烧器、热交换器及燃气轮机发电系统。它与 IGCC 的主要区别是，气化后产生的热可燃气可在相邻的燃烧器中燃烧，故净化系统相对简单，只需旋风分离器除去杂质颗粒即可。燃气轮机可在干净的热空气下运行，减少了气化后可燃气中焦油和杂质对燃气轮机造成的损害，该项技术又称为间接燃气轮机发电。系统功率范围在 500~3000 kW 之间。

六、生物质家用燃气集中供气技术

生物质气化集中供气系统是一种秸秆气化应用方式，它将农村大量废弃的秸秆类生物质转换成可燃气集中送入居民用户，用于炊事用气，替代煤气或液化气，使农村居民用上管道输送的生物质煤气。

生物质气化集中供气系统包括四个部分，即生物质气化机组、储气柜、管网和户用炊具，根据村镇规模，可选用不同类型及型号的气化机组。生物质原料首先用切碎机处理达到气化炉使用条件，然后由送料装置送入气化炉中，不同类型的气化炉配置不同类型的上料装置。物料在气化炉内进行气化反应，产生的气化气由净化系统进行除尘、脱除焦油和水分。净化系统有很多种类，不同的设计单位使用不同的净化方式和设备，效果也有较大差异。经过净化的气体经安全器被送入储气柜中，安全器相当于单向阀，它只允许可燃气向储气罐中输送，而不允许逆向回流。储气柜通常采用湿式浮罩式结构，鉴于北方地区冬季天气寒冷，考虑到防冻因素，也有采用干式气柜（一般是气袋式），使用干柜气袋式气柜，向用户输送需配加煤气输送机。

城乡居民使用煤气是节约能源、减轻环境污染、改善人民生活的有效途径，生物质燃气集中供气模式必将成为我国社会发展的一种趋势。由于自然资源分布不均衡，我国很多地区缺乏适宜气化的优质煤。利用生物质气化向城乡居民集中供气是未来能源的发展方向之一。由于生物质价格低且气化设备投资少，以生物质为原料生产的可燃气价格仅是以石油为原料生产的可燃气价格的 1/4。因此，大量利用生物质资源向居民供气不仅经济上可行，技术上也日趋成熟，很有发展前途。

第二节　秸秆热解气化的应用

家庭型生物质燃气秸秆气化炉灶与煤气、液化气相比，具有三大显著优势：一是价格优势。秸秆生物质气化炉灶每台售价 800 元，且配套设施简单，实施速度快，经济实惠，一般家庭特别是农村家庭都易于接受。相比之下，煤气、液化气等燃料价格贵且设备安装、城建等配套设备投资规模大，实施周期长。二是资源优势。秸秆生物质燃气的原料为年生可再生资源，随处可取，原料几乎零成本。后者属一次性能源，随着资源的逐渐减少，价格将不断上升。三是安全优势。秸秆气使用安全可靠，不存在像煤气、液化气等在贮存、运输、使用条件下易爆、易泄漏等安全隐患。以上优势将确定生物质燃气秸秆气化炉灶在农村市场上的霸主地位，使其极易推广普及。

我国政府及有关部门对生物质能源利用也极为重视，已多次将生物质能利用技术的研究与应用列为重点科技攻关项目，开展了生物质能利用技术的研究与开发，如户用沼气池、节柴炕灶、薪炭林、大中型沼气工程、生物质压块成型、气化与气化发电、生物质液体燃料等，取得了多项优秀成果。我国政府已在法律上明确了可再生能源包括生物质能在现代能源中的地位，并在政策上给予了巨大支持。因此，我国生物质能的发展前景和投资前景极为广阔。

一、秸秆热解气化户用技术

（一）户用秸秆热解气技术的发展

国家相关部门对秸秆气化集中供气技术进行了科技攻关，经过多年努力，已研发并投用多种形式的大型秸秆气化装置，并在山东、辽宁、河北、湖北等省推广应用。但这些机组普遍存在一些问题：一次性投入比较大（200 万元以上），农户难以承受；工程必须整村连片安装使用，由于农户居住分散，铺设管道距离较长，因此使用一段时间后易发生管道堵塞现象；供气时间固定，用户不能随时使用，普遍存在着用户不足、供气设备利用率低、运行成本高的问题。

针对集中供气装置存在的弊端，近年来，各地企业和科研单位对研发秸秆气化技术及设备的积极性很高，市场上出现了供家庭、城镇单位、饭店、浴室等使用的多种型号的秸秆气化炉，但由于受技术、运行费用等多种因素影响，秸秆气化炉仍处于推广应用的起步阶段。

（二）小型户用气化设备

为加大秸秆气化炉的推广应用力度，促进秸秆能源化利用，部分省市农机主管部门开始把秸秆气化炉及与其配套的秸秆压块设备列入农机购置补贴目录。被列入补贴目录的秸秆气化炉以农户为单元，以农作物秸秆为原料，实现一户一炉，独立产气。

根据燃气出气的运动方向，目前主要户用型秸秆气化炉可分为上吸式和下吸式。上吸式秸秆气化炉从炉体底部送风，经气化反应后，产生的生物质燃气，通过炉体上部的出气管道送入简易净化装置，再供灶具燃烧。该炉具结构简单，但焦油量高，气压不稳；下吸式秸秆气化炉从炉体下、中部送风，经气化反应后，产生的生物质燃气，从炉体下部的出气管道送出。由于热解产品二次通过高温氧化还原层，因此，挥发气中的焦油可以得到进一步的裂解，燃气中的焦油量低于上吸式气化炉。该炉具焦油副产物较少，但炉体结构较复杂。

按结构来分，主要分为分体式秸秆气化炉、整体式秸秆气化炉和户用生物质半气化炉。

1. 分体式秸秆气化炉

气化炉与灶体分离。炉体的顶部一般设有圆锥形冷凝水收集盖，燃料中的水分受热蒸发，与炉盖接触而冷凝成水珠，沿炉盖边缘流至水槽中，沿溢流管排出炉外，使生物质燃料对水分没有十分严格的要求。同时，在燃烧高温区设置燃气导管和在炉体上部设置导气支管，降低焦油量，保证供气的稳定性。一般配备有加料装置和除渣装置。

2. 整体式秸秆气化炉

气化装置和炉灶连为一体，连接管路短，可使燃气在热态下进入灶具燃烧，减少了焦油因冷凝而堵塞管路的机会；炉壁一般倾斜，混合燃气可借助鼓风机的风力从炉壁中、上部进入缓冲气柜，使挥发分中的焦油得到部分裂解，降低燃气中的焦油量，达到平稳供气。

3. 户用生物质半气化炉

秸秆半气化炉与秸秆气化炉最大的区别是利用秸秆燃料在炉膛内直接燃烧和气化燃烧相结合的二次燃烧技术，采用上点火燃烧方式，燃料直接燃烧，同时秸秆在燃料底部进行气化，在炉口四周再次供风助燃，使秸秆燃烧更加充分。半气化炉无须气柜，结构简单、操作便利，并能有效去除生物质焦油，燃气直接燃烧供热。

户用秸秆半气化炉是秸秆气化炉的更新换代产品，它解决了秸秆气化炉长期存在的点火麻烦、产气量不稳、焦油难以处理等技术问题，真正达到了操作简单、无烟无味、节能环保和使用安全的效果，应该是我国后期推广应用的主要形式。

二、秸秆热解气化集中供气技术

集中供气是指秸秆原料经粉碎等预处理后，由上料机送入气化炉中，在气化设备中经过热解、氧化和还原反应转化成可燃气体，产生的粗燃气经净化系统去除其中的焦油、灰分、碳颗粒和水分等杂质并冷却；经净化的秸秆燃气通过燃气风机加压贮存至贮气柜，再通过燃气输配管网送往用户，用作炊事燃料或供暖。目前，我国已经基本形成了包括秸秆气化机组、燃气净化系统、供气管网的设施和施工以及户用燃气灶具等在内的较为完整的配套技术。系统由五部分组成：秸秆预处理系统、燃气发生系统、燃气净化系统、燃气输配系统和用户燃气燃烧系统。秸秆热解气化集中供气工程一般以自然村为单元，供气规模从数十户至数百户不等，农村居民用上管道煤气。

（一）预处理

预处理主要是为保证原料颗粒的性状，对作物秸秆进行干燥、机械加工等预处理，以满足选定的生物质气化机组的要求，入炉原料含水率不宜高于 20%。

（二）燃气发生系统

燃气发生系统即秸秆气化机组，是整个秸秆热解气化集中供气系统的核心。设备主要有气化炉、燃气净化设备、防爆水封器等。

气化炉是秸秆气化机组的核心设备，目前以村为单位的秸秆热解气化集中供气工程多采用固定床气化炉。气化炉的选用依据用气规模来确定，供气户数较少，选用固定床气化炉；如果供气户数多，则选用流化床气化炉更好。燃气净化设备主要包括除尘器、喷淋器、除湿器、过滤器等，其主要作用是去除气化气中的焦油、颗粒杂质以及水分。防爆水封器是为了防止燃气输送过程中带入火星造成燃气爆燃现象而设置的安全装置，是保证和提高生产安全性的重要措施。

（三）燃气输配系统

秸秆气化机组产生的燃气通过燃气输配系统送至用户，阻火器、避雷针、阀门等系统包括输气管网以及必要的管路附属设备。其中，该系统的核心设备主要包括贮气柜和输气管。

1. 贮气柜

贮气柜的作用是贮存一定容量的秸秆燃气，以平衡系统燃气负荷的波动，调节炊事高峰时段的用气量，并保持恒定压力，保证用户燃气灶正常燃烧。生物质气化集中供气系统中常用的贮气柜有低压湿式贮气柜、低压干式贮气柜和压力式贮气柜。

2. 输气管

以自然村为单元的秸秆热解气化集中供气系统的管网由干管、支管、用户引入管以及分布在各个管路当中的凝水缸和阀门组成。干支管一般采用浅层直埋的方式铺设在地下，贮气柜的燃气通过干支管网向用户输送燃气。管道的材质有钢、铸铁和塑料等，秸秆气中会有焦油、酚等有机物易腐蚀供气管网，因此，不能采用 PVC 管。

（四）用户燃气燃烧系统

用户燃气燃烧系统包括室户内燃气管道、阀门、燃气计量表和燃气灶等。用户打开燃气管道阀门，将燃气引入燃气灶并点燃，即可满足炊事用能需求。燃气灶的燃烧将燃气的化学能转换成热能，最终完成对秸秆能的转换和利用。户用燃气计量表主要是膜式计量表，它是一种容积式流量计，根据流过流量计的气体的体积来测定其流量，具有体积小、质量轻、造价低的优点。

（五）燃气净化系统

生物质燃气净化系统是指用于去除原始生物质燃气中各类杂质气体和颗粒物的综合处

理装置，其核心目标是提高燃气质量，使其达到燃烧使用、安全储运或进一步加工的技术要求。该系统是连接“生物质气化/发酵”与“燃气利用”之间的重要桥梁，对提升系统效率、延长设备寿命和保障环境安全具有重要意义。

三、秸秆热解气化发电技术

传统的生物质气化联合发电技术的基本原理是将生物质转化为可燃气，再利用可燃气驱动燃气轮机进行发电。它既能解决生物质难以燃用且分布分散的问题，又可以充分发挥燃气发电设备紧凑且污染少的优点，所以气化发电是生物质能最有效、最洁净的利用方法之一。气化发电过程包括三个方面：一是生物质气化，把固体生物质转化为气体燃料；二是气体净化，气化燃气通常含有一定的杂质，包括灰分、焦炭和焦油等，需经过净化系统脱除杂质，以保证燃气发电设备的正常运行；三是燃气发电，利用燃气轮机或燃气内燃机进行发电。

生物质气化发电技术具有以下三个方面的特点：

（一）技术灵活性好

生物质气化发电既可以采用燃气轮机，也可以采用内燃机，甚至可以与余热锅炉和蒸汽发电系统相结合。

（二）洁净性优势显著

可以有效地减少 CO_2、SO_2 等有害气体的排放，气化过程温度较低，NO_2 的生成量很少，所以能有效控制 NO_X 的排放。

（三）经济性良好

生物质气化发电技术灵活、简单，比其他可再生能源发电技术投资更少。因此，生物质气化发电技术是所有可再生能源技术中最经济的发电技术，综合发电成本已接近小型常规能源的发电水平。

气化发电有多种模式可供选择。采用燃气蒸汽锅炉生产高温高压水蒸气推动汽轮机发电机组技术，可以降低生物质直接燃烧造成锅炉结渣的风险。生物燃气也可在燃气轮机中做功，推动发电机工作。燃气轮机需要高压燃气才能获得较高效率，需要加压气化炉与之配合，且燃气轮机在我国市场上技术不成熟，造价较高，因此尚未得到大量应用。目前得到广泛应用的是燃气内燃机技术，采用低速内燃机获得了满意的运行效果。对于大中型生物质气化发电，采用联合循环技术可以提高整体发电效率。

四、注意事项

生物质气化集中供气系统在使用时，应注意以下问题：

（1）一氧化碳中毒。秸秆气化产生得到燃气中，一氧化碳含量约 20%，有可能带来安全隐患。

（2）二次污染问题。粗燃气含有焦油等有害杂质，采用水洗法净化过程中会产生大量含有焦油的废水，如果随意倾倒，就会造成对周围土壤和地下水的局部污染。如何处理好这些污染物，不使这些污染物对环境造成更为严重的二次污染，是秸秆气化集中供气系统所面临的突出问题。

（3）减少燃气中的焦油量。由于系统的规模较小，对生物质燃气中焦油净化得并不完全，已净化燃气中焦油量比较高，在实际使用过程中易引发管道堵塞，灶具积焦故障等问题，给系统长期稳定运行和用户使用带来问题。

五、适宜区域

秸秆气化集中供气系统的技术适用于秸秆资源丰富的地区，以自然村为单位为农村居民提供炊事用能。考虑到运行成本高，通常要求村经济情况较好，能够做到长期无盈利运行。

第五章　秸秆的液化技术

第一节　秸秆热裂解

生物质液化技术是通过一系列生物或化学加工过程将固体状态的生物质转化成液化燃料的清洁利用技术。根据加工过程的不同技术，液化可分为直接液化和间接液化。从工艺上，生物质液化又可分为生物化学法和热化学法。生物化学法主要是指采用水解、发酵等手段将生物质转化为燃料乙醇。热化学法主要包括热裂解液化和加压催化液化等。

热裂解（又称热解）是指在无氧或缺氧条件下，利用热能切断生物质大分子中的化学键，使其转化为低分子物质的过程。可用于热解的生物质的种类非常广泛，包括农业生产废弃物及农林产品加工业废弃物、薪柴和城市固体废弃物等。

一、秸秆热裂解机理及工艺

（一）秸秆热裂解

秸秆热裂解是秸秆在完全没有氧或缺氧条件下热裂解，最终生成秸秆油、木炭和可燃气体的过程。三种产物的比例取决于热裂解工艺和反应条件。一般来说，低温慢速热裂解（小于 500 ℃）产物以木炭为主；高温闪速热裂解（700℃～1100 ℃），产物以可燃气体为主；中温快速热裂解（500℃～650 ℃），产物以生物油为主。如果反应条件合适，可获得原秸秆 80%～85%的能量，生物油产率可达 70%（质量分数）以上。

秸秆热裂解液化是在中温（500℃～650 ℃），高加热速率（10^4 ℃/s～10^5 ℃/s）和极短气体停留时间（小于 2 s）的条件下，将秸秆直接热解，产物经快速冷却，可使中间液态产物分子在进一步断裂生产气体之间冷凝，从而得到高产量的秸秆液体油。该技术的最大优点是生物油易存储和易运输，可突破“就地消费”问题，便于跨区域输配因而得到了国内外的广泛关注。

秸秆热裂解反应产生的生物油可通过进一步的分离和提取制成燃料油和化工原料；气体视其热值的高低，可单独或与其他高热值气体混合作为工业或民用燃气；秸秆炭可用作活性剂等。

秸秆由纤维素、半纤维素和木质素三种主要成分组成，纤维素是 β-D 葡萄糖通过

C1-C4 苷键联结起来的链状高分子化合物，半纤维素是脱水糖基的聚合物，当温度高于500 ℃时，纤维素和半纤维素将挥发成气体并形成少量的炭。木质素是具有芳香族特性的、非结晶性的、具有三度空间结构的高聚物。由于木质素中的芳香成分受热时分解较慢，因此主要形成炭。此外，秸秆还含有提取物，由脂肪酸、芳香物和挥发性油组成，这些提取物在有机和无机溶剂中是可溶的。三种成分的含量因秸秆原料的不同而有变化，秸秆热裂解产物的产量与各组成成分的含量有关。

（二）秸秆热裂解反应机理

在热裂解反应过程中，会发生一系列的化学变化和物理变化，前者包括一系列复杂的化学反应（一级、二级）；后者包括热量传递和物质传递。通过对国内外热裂解机理研究的归纳概括，现从以下四个方面对反应机理进行分析。

1. 秸秆组成成分

纤维素、半纤维素和木质素为秸秆的三种主要组成物，常常被假设为独立地进行热分析，半纤维素主要在 225℃～350 ℃分解，纤维素主要在 325℃～375 ℃分解，木质素在 250℃～500 ℃分解。半纤维素主要产生挥发性物质，而木质素主要分解为炭。秸秆热裂解工艺开发和反应器的正常设计都需要对热裂解机理进行良好的理解。由于纤维素是多数秸秆主要的组成物（如在木材中平均占 43%），同时也是相对简单的秸秆组成物，所以被广泛用作秸秆热裂解基础研究的实验原料。

首先，纤维素经脱水作用生成脱水纤维素，脱水纤维素进一步分解产生大多数的炭和一些挥发物。在略高温度下，与纤维素的脱水反应竞争的是一系列相继发生的纤维素解聚反应，最终产生左旋葡聚糖（1，6 脱水+β-D 呋喃葡萄糖）焦油。根据实验条件，左旋葡聚糖焦油的二次反应或者生成炭、焦油和气，或者主要生成焦油和气。例如，纤维素的闪速热裂解把高升温速率、高温和短滞留期结合在一起，实际上排除了炭生成的途径，使纤维素完全转化为焦油和气；慢速热裂解使一次产物在基质内的滞留期增长，从而导致左旋葡聚糖主要转化为炭。纤维素热裂解产生的化学产物包括 CO_2、CO、酮类和有机酸，醛类中包括羟乙醛（乙醇醛），它是纤维素热裂解的一种主要产物。

2. 物质和能量传递

首先，热量被传递到颗粒表面，并由表面传到颗粒的内部。热裂解过程由外到内逐层进行，秸秆颗粒被加热的成分迅速分解成生物炭和挥发分。其中，挥发分由可冷凝气体和不可冷凝气体组成，可冷凝气体经过快速冷凝得到生物油。一次裂解反应生成了生物炭、一次生物油和不可冷凝气体。在多孔秸秆颗粒内部的挥发分还将进一步裂解，形成不可冷凝气体和热稳定的二次生物油。同时，当挥发分气体离开生物颗粒时，还将穿越周围的气相组分，在这里进一步裂化分解，称为二次裂解反应。秸秆热裂解过程最终形成生物油、不可冷凝气体和秸秆炭。反应器内的温度越高且气态产物的停留时间越长，二次裂解反应就越严重。为了得到高产率的生物油，需快速去除一次热裂解产生的气态产物，以抑制二次裂解反应的发生。

与慢速热裂解产物相比，快速热裂解的传热过程发生在极短的原料停留时间内，强烈的热效应导致原料极迅速地去多聚合，直接产生热裂解产物，而产物的迅速淬冷使化学反应在初始进一步降解之前被终止，从而最大限度地增加了液态生物油的产量。

3. 反应过程

秸秆的热裂解过程分为以下三个阶段：

（1）脱水阶段（室温至 100 ℃）

在这一阶段秸秆只发生物理变化，主要是失去水分。

（2）主要热裂解阶段（100 ℃~380 ℃）

在这一阶段秸秆在缺氧条件下受热分解，随着温度的不断升高，各种挥发物相应析出，原料发生大部分的质量损失。

（3）炭化阶段（>380 ℃）

在这一阶段发生的分解非常缓慢，产生的质量损失比第二阶段小得多，该阶段通常被认为是 C-C 键和 C-H 键进一步裂解所造成的。

4. 线性分子链分解

现在的研究已发展到利用简单分子并以蒙特卡洛模拟来描述反应过程，而实际反应是按化学方程式进行的。蒙特卡洛法（Monte-carlomethod）即对无规则的数字应用数学算子进行一系列的统计实验以解决许多实际问题。这种方法既要考虑时间和样品空间，也要考虑物理空间（聚合物长度），用线性链结构代替三维空间结构，用该方法可解释秸秆热裂解反应过程。

线性聚合物以 N 个聚合体表示，蒙特卡洛把聚合物分解看成是由独立的马尔可夫（Markov）链分解组成。马尔可夫（无后效）过程（Markov process）指的是在极高加热速率下，秸秆进行闪速热裂解时，聚合物链结构的分解过程是随机发生的。在假设的模型中，用 N 代表聚合物中的每个单体结构的结合总个数。用每个链的长度来代表所形成的气体、固体和液体状态，产品存在状态用两个参数来描述，保持固相状态最小的链的长度（N_s^-）和保持气相状态最大的链长度（N_g^+）。而长度在 N_g^+ 和 N_s^- 之间的部分为液体焦油状态。

以生产生物油为目的的快速热裂解反应，具有非常高的加热及热传导速率，并严格控制反应终温，热裂解蒸汽得到迅速冷凝，因此产物以中等长度分子链的形式存在。

二、秸秆热裂解工艺类型及影响因素

（一）秸秆热裂解工艺类型

根据工艺操作条件，秸秆热裂解工艺分为慢速、快速和反应性热裂解三种。慢速热裂解工艺又可分为炭化和常规热裂解。

（二）影响秸秆热裂解过程及产物组成的因素

秸秆热裂解产物主要由生物油、可燃气体及木炭组成。影响秸秆热裂解过程和产物组成的重要因素有温度、固体相及挥发物滞留期、颗粒尺寸及加热条件等。提高温度和固体相滞留期有助于挥发物和气态产物的形成；因为挥发物可与炽热的炭发生二次反应，所以挥发物滞留时间可以影响热裂解过程；随着秸秆粒径的增大，在一定温度下达到一定转化率所需的时间也相应增加。加热条件的变化可改变热裂解的实际过程及反应速率，从而影响热裂解产物的生成量。

1. 温度的影响

研究表明，温度对秸秆热裂解的产物分布及可燃气体的组成有着显著的影响。一般来说，低温、长滞留期的慢速热裂解主要用于最大限度地增加炭的产量，其质量产率和能量产率可分别达到 30%和 50%（质量分数）；常规热裂解，当温度小于 600 ℃时，采用中等反应速率，其生物油、不可冷凝气体和炭的产率基本相等；闪速热裂解温度在 500 ℃~650 ℃，主要用来增加生物油的产量，其产率可达 70%（质量分数）；同样的闪速热裂解，若温度高于 700 ℃，在非常高的反应速率和极短的气相滞留期下，主要用于生产气体产物，其产率可达 80%（质量分数）。

采用输送及流化床两种不同反应器，以纤维素及枫木木屑为原料开展试验，考察温度在快速热裂解中的作用，在气相滞留期为 0.5 s、热裂解温度为 450 ℃~690 ℃的条件下，两种物料和两种反应器所得结果的一致。结果表明，对于上述任何一种反应器，如果秸秆颗粒加热到 500 ℃之前，失重率小于 10%，在物料和气相滞留期给定的情况下，生物油、炭及可燃气体的产量仅由热裂解温度决定。根据滑铁卢 Waterloo 流化床反应器秸秆闪速热裂解技术产物与温度之间的关系，随着温度的升高，炭的产率减少，可燃气体产率增加，为获得最大生物油产率，有一个最佳温度范围，其值为 400℃~600 ℃。

随着设定的热裂解温度的提高，炭产率减少，可燃气体产率增大，而生物油产率有一个明显的极值点，当热裂解温度为 600 ℃时，生物油产率（质量分数）为 70%。

因此，为获得最大的生物油产率必须选择合适的热裂解温度。

2. 固体和气相滞留期

研究表明，在给定颗粒粒径和反应器温度条件下，为使秸秆彻底转换成目标产物，需要控制在很小的固相滞留期。

木材加热时，固体颗粒因化学键断裂而分解。在分解的初始阶段，形成的产物可能不是挥发分，还可能进行附加断裂以形成挥发产物，或经历冷凝/聚合反应而形成高分子量产物。上述挥发产物在颗粒的内部或者以均匀气相反应或者以不均匀气相与固体颗粒和炭进一步反应。当挥发物离开颗粒后，焦油和其他挥发产物还将发生二次裂解。在木材热裂解过程中，依反应条件不同，粒子内部和/或粒子外部的二次反应可能会对热裂解产物产量与产物分布产生中等强度的控制性的影响。所以，为了获得最大生物油产量，在热裂解过程中产生的挥发产物应迅速离开反应器以减少焦油二次裂解的时间，而气相滞留期是实现这一目标的关键参数。

3. 秸秆物料特性的影响

秸秆种类、粒径、形状及粒径分布等特性对其热裂解行为及产物分布有着重要影响。

木材的密度、热导率、种类影响其热裂解过程，并且这种影响是相当复杂的，它将与热裂解温度、压力、升温速率等外部特性共同作用，从而影响热裂解机制。由于木材是各向异性的，这种形状与纹理将影响水分的渗透率，因此会影响挥发产物的扩散过程。木材纵向渗透率是横向渗透率的50000倍，因此，在木材热裂解过程中如果大量挥发物的扩散发生在与纹理平行的表面，则挥发物的量较少，这样在不同表面上的热量传递机制会差别较大。在与纹理平行的表面，通常是气体对固体传递机理发生，但在纹理垂直的表面，热传递过程是通过析出挥发分从固体传递给气体的。在木材特性中，粒径是影响热裂解的主要参数之一，它将影响热裂解过程中的反应机制，研究人员认为，粒径在1 mm以下时，热裂解过程受反应动力学速率控制，当粒径大于1 mm时，热裂解过程中还同时受传热和传质现象控制。同时，颗粒将成为热裂解传递的限制因素。当上述大颗粒从外面被加热时，颗粒表面的加热速率远远大于颗粒中心的加热速率，这样在颗粒的中心发生低温热裂解，产生过多的炭。研究表明，随着秸秆颗粒粒径的减小，炭的生成量也会减少。因此，在快速热裂解过程中，所采用秸秆粒径应小于1 mm，以减少炭的生成量，提高生物油的产率。

4. 压力

压力的大小将影响气相滞留期，从而影响二次裂解，最终将影响热裂解产物的产量分布。在300 ℃、1个大气压下，炭和焦油的产率分别为34.2%和19.1%（质量分数），而在1.5 mmHg（1 mmHg=133.322 Pa）下产率分别为17.8%和55.8%（质量分数），这是二次裂解的结果。在较高的压力下，挥发产物的滞留期增加，二次裂解较大，而在较低的压力下，挥发物可以迅速从颗粒表面离开，从而限制了二次裂解的发生，增加了生物油产量。

5. 升温速率

低升温速率有利于炭的形成，而不利于焦油的产生。因此，以生产生物油为目的的闪速裂解都采用较高的升温速率。

（三）秸秆热裂解液化的工艺流程

秸秆热裂解液化技术的一般工艺流程包括干燥、粉碎、热裂解、产物炭和灰的分离、气态生物油的冷却和生物油的收集。

1. 干燥

为了避免原料中过多的水分被带到生物油中，对原料进行干燥是有必要的。一般要求物料含水率在10%以下。

2. 粉碎

为了提高生物油产率，必须有很高的加热速率，故要求物料有足够小的粒度。不同的反应器对秸秆粒径的要求也不同，旋转锥所需的秸秆粒径小于200 μm；流化床要小于2 mm；传输床或循环流化床要小于6 mm；烧蚀床则由于热量传递机理不同可以采用整个的树木碎片。但是，采用的物料粒径越小，加工费用越高。因此，物料的粒径需在满足粒径需要和满足反应器要求的同时与加工成本综合考虑。

3. 热裂解

热裂解生产生物油技术的关键在于具备加热速率和高热传递速率，严格控制的中温，以及对热裂解挥发分进行快速冷却。只有满足这些要求，才能最大限度地提高产物中油的比例。

4. 炭和灰的分离

几乎所有秸秆中的灰全部留存于产物炭内，所以进行炭分离的同时也分离了灰。但是，炭从生物油中的分离较困难，而且炭的分离并非在所有生物油的应用中都是必要的。

因为炭会在二次裂解中起催化作用，并且在液体生物油中产生不稳定因素，所以，对于要求较高的生产工艺，快速彻底地将炭和灰从生物油中分离是必须的。

5. 气态生物油的冷却

热裂解挥发分由产生到冷凝阶段的时间及温度影响着液体产物的质量及组成，热裂解挥发分的停留时间越长，二次裂解生成不可冷凝气体的概率就越大。为保证油产率，需快速冷却挥发物。

6. 生物油的收集

秸秆热裂解反应器的设计除需严格控制温度外，还应在生物油收集过程中避免因生物油的多种重组分的冷凝导致反应器堵塞。

三、秸秆热裂解液化反应器的研究

研究主要集中在以下几个方面：

（1）寻求更合适的原料，一方面降低原料成本，另一方面提高秸秆燃料的产率。

（2）开发更经济高效的转化技术和设备。

（3）改善生物油的使用性能。

（4）开发有价值的生物油副产品。

今后，秸秆制取液体燃料的重点将主要集中在降低成本和改善燃料的性能方面。

四、典型秸秆热裂解液化装置

（一）旋转锥反应器秸秆闪速热裂解液化装置

1. 旋转锥反应器

旋转锥反应器是一种新型的秸秆热裂解反应器，能最大限度地增加生物油的产量。除秸秆热裂解外，旋转锥反应器还可用于页岩油、煤、聚合物、渣油的热裂解。

2. 装置组成

旋转锥反应器用于秸秆闪速热裂解液化的装置主要包括喂入、反应器、收集三个组成部分。

（1）喂入部分。

预先粉碎的秸秆被喂料器输送到反应器中，并且在喂料器和反应器之间通入氮气以加速秸秆颗粒的流动，防止堵塞；与此同时，预先加热的砂子也被传送到反应器中。

（2）反应器部分。

喂入旋转锥底部的秸秆与预先加热的惰性热载体砂子一起沿着高温锥壁螺旋状上升。在上升过程中，炽热的砂子将其热量传给秸秆，使秸秆在高温下发生热裂解并生成热裂解蒸汽，这些蒸汽迅速离开反应器，从而抑制二次裂解。

（3）收集部分。

离开反应器的热裂解蒸汽首先进入旋风机分离器，在旋风机分离器中实现固体炭分离。其次，热裂解蒸汽进入冷凝器中，大部分蒸汽被冷凝而形成生物油，产生的生物油在冷凝器和热交换器中循环，其热量被冷却水带走。最后，生物油从循环管道中引出并收集存储。不可冷凝的热裂解蒸汽排空燃烧。使用后的砂子及产生的另一部分炭被收集到连接在反应器下端的收集砂箱中，用于加热反应器，在商业化装置中砂子可以重复利用。炭可用于加热反应或作其他处理。

3. 装置总体布置

为节省空间，装置下部分安放于地下，并且砂子加热系统与其他部分分开。

4. 旋转锥反应器的构造及工作原理

旋转锥反应器能最大限度地增加秸秆油的产量，主要由固定的内锥、旋转的外锥、加热元件及外壳组成。砂子、木炭及未转化的秸秆被收集到反应器周围的死容积中。该反应器旋转锥顶角为 $\pi/2$，最大直径为 650 mm，热裂解产物为生物油、不可冷凝气体和木炭。如果需要，可以通过堵塞旋转锥内部的部分空间以减少旋转内部的气相容积，从而减少反应器中的气相滞留期，抑制气相中生物油的二次裂解反应，进而增加生物油产率。

（二）流化床反应器秸秆闪速热裂解液化装置

1. 装置组成及各部分功用

上海交通大学农业与生物学院生物质能工程研究中心在承担的国家自然科学基金项目中研制出秸秆原料喂入率为 1~2 kg/h 的流化床反应器，在热裂解参数优化、生物油特性及精制方面做了大量的研究工作。

流化床反应器秸秆闪速热裂解液化装置是以流化床反应器为主体的系统，主要由五部分组成。

（1）惰性载气供应部分。

该部分由空气压缩机、贫氧气体发生器（炭箱）和气体缓冲罐组成。空气压缩机压缩气体，获得一定压力的气体流量；贫氧气体发生器为一个不锈钢圆柱体，外部包有加热元件，木炭发生燃烧反应，消耗了空气中的氧气；气体缓冲罐可储存一定压力的贫氧气体，以供试验使用。

（2）物料喂入部分。

该部分主要包括料仓、螺旋进料器及调压器、电机和减速等辅助设备。料仓内设有搅拌器和惰性气体入口。螺旋进料器由电动机带动。因秸秆颗粒的表面不光滑且形状不规则，颗粒之间容易搭接或黏着，会造成螺旋进料器铰龙空转、无物料进入反应器，因此，在料仓内设有搅拌器，防止物料搭接形成空隙，保证连续给料。同时，为了防止反应器内的高压、高温气体反窜回料仓，可通过料仓顶部的进气口通入贫氧气体，使料仓内具备一定的压力，靠重力和惰性气体的输送作用及铰龙的旋转顺利让物料进入反应器。

通过调节调压器，改变电动机的速度，从而改变进料率。高压器为 TDGC110.5 型接触调压器，电动机为单相串激电动机，减速器为 WDH 型涡轮减速器。

由于螺旋进料器与反应器连成一体，为防止接口处过早地发生热裂解反应，产生少量生物油和炭集结阻碍进料，在螺旋进料器接近流化床部分焊接了一段冷却套管，通入循环的自然水，降低该部分的温度，抑制热裂解反应。

（3）反应器部分。

反应器由内径 100 mm 的不锈钢管制成。整体反应器高 600 mm。反应最高设计温度为 1000 ℃，钢管外部绕有电阻丝作为加热元件，加热元件外部覆盖耐高温和保温材料。加热元件分为上、中、下三部分，总功率为 6 kW。下部电阻丝预热惰性载气，中部和上部电阻丝用于加热液化床并维持床内恒温。

（4）产物收集部分。

该部分由旋风分离器、冷凝器和过滤器组成。秸秆炭由旋风分离器和集炭箱收集；裂解气中可冷凝的部分由金属冷凝器和球形玻璃管冷凝器冷凝，收集于集油瓶中。过滤器将附着在气体分子表面的焦油滤掉，使得干净的气体流出，用橡胶质气袋收集后进行分析，剩余气体排空后燃烧。

（5）测量控制部分。

测量控制部分包括热电偶、温度显示控制器、玻璃管温度计、转子流量计、压力表、稳压器和台秤。

热电偶为 Cr–Al（k）型，测量范围为-250℃～1372 ℃。热电偶用于测量贫氧气体发生器的流化床反应器的温度。温度显示控制器为 Eurotherm91 型，它与热电偶相连，显示贫氧气体发生器及反应器的温度。通过加热元件的电路控制贫氧气体发生器的温度，使其达到设定值。

玻璃管温度计、转子流量计和压力表分别测量贫氧气体进口和反应器出口气体的温度、流量和压力；稳压器将气体流量控制在所需要的范围内，台秤用于测量反应前后的秸秆物料、集炭箱、集油瓶和过滤器的质量。

2. 工艺流程

秸秆热裂解液化的工艺过程如下：秸秆原料经粉碎、烘干后放入料仓中备用，空气由空气压缩机导入贫氧气体发生器，产生的贫氧气体被压入缓冲罐。随着气体量的增加，缓冲罐内压力不断增大直至达到一定值，以满足所要求的正压需要。从气体缓冲罐出来的气体经转子流量计分成两路：流量较大的主路进入流化床反应器，在反应器底部预热，经气体分布板进入上部的流化床反应器；流量较小的一路由料仓顶部通入，并顺着物料一同进入流化床反应器。两路气体在流化床内一起流化砂子和物料的混合物，因反应器被加热到400℃～600 ℃，秸秆在高温及缺氧条件下发生热裂解，生成热裂解蒸汽和秸秆炭，进入反应器的贫氧气体与生成物一起离开反应器，切向进入旋风分离器，靠巨大的离心作用，秸秆炭被分离出来，由集炭箱收集。气体则通过两排四个球形玻璃管冷凝器，气体中可冷凝的部分形成生物油，被收集在集油瓶中。余下的不可冷凝气体经过滤器和转子流量计流出，从气体取样口取出气体分析；其他气体排空后燃烧。

3. 产物

主要为生物油。

第二节　秸秆降解制取燃料乙醇技术

生物燃料乙醇是指以玉米、小麦等粮食作物和薯类、甘蔗、甜菜、甜高粱等非粮作物为原料，经过发酵、蒸馏制得乙醇，进一步脱水再经过不同形式的变性处理后，成为变性燃料乙醇。燃料乙醇有两种使用方法：一是按照一定比例与汽油混合使用（称为车用乙醇汽油），乙醇的体积混合量一般为 10%；二是使用纯乙醇代替汽油。

燃料乙醇的热值比汽油的热值低，车用乙醇汽油加入 10%的乙醇，其热值理论上降低了 3%，会使汽车的动力性能下降；但因乙醇中含氧，加入后车用乙醇汽油的含氧量相比纯汽油可增加3.5%，将汽油中原不能完全燃烧的部分充分燃烧，提高了燃料的热值，从而减少了油耗，两者相抵，总体油耗持平或略有下降。

生物法生产的乙醇还主要来自糖类和淀粉发酵，面对世界人口的急剧膨胀和粮食短缺，用粮食生产乙醇的发展将受到限制。近年来，利用秸秆等纤维素制取燃料乙醇引起人们的浓厚兴趣，被认为具有良好的发展前景。

一、纤维素秸秆预处理技术

对天然纤维素材料进行预处理，是提高纤维素酶解效率的一条重要途径。预处理的作用主要是改变天然纤维的结构、降低纤维素的结晶度、脱去木质素或半纤维素，增加酶与纤维素的接触面积，从而提高酶解的效率。有很多可提高其可降解率的物理、化学预处理方法，如辐射处理、粉碎、高压热水、有机溶剂、稀酸、低温浓酸、酸催化的蒸汽水解、蒸汽爆碎、液氨爆碎、碱水解及使用非离子表面活性剂等。高效的预处理技术应该能得到高得率的半纤维素糖分，并使留下来的纤维素容易被酶降解。每一步水解反应的效率都应该在90%以上。使用低腐蚀性环境，则有利于降低设备材料成本。由于预处理前进行秸秆材料机械破碎的能耗也很高，因此使用的预处理技术应能够减少这种需求。半纤维素水解产生的产物（如乙酸）和秸秆降解的产物（如糠醛）都对随后的生物加工有毒性，应尽量阻止其生成。所用的化学品应价格低廉，且不产生有害的残余物。同样重要的是，预处理应尽可能少地用水，以便使产生的糖和终产物的浓度可以接受，减少后期加工的能耗。这些要求不仅有利于降低预处理本身的成本，而且可以降低后续环节的工艺成本。近年来发展迅速的稀酸预处理、蒸汽爆碎等技术可高效地破坏植物纤维结构，提高微生物的降解转化速率。通过优化处理条件，秸秆等纤维废物的酶解率超过90%。处理成本也相对较低，比较接近上述目标。

（一）稀酸预处理技术

用稀硫酸在较低温度下处理植物纤维材料，可选择性降解其中的半纤维素，提高经过预处理后的材料中纤维素的可酶解性。因为处理条件较温和，所以生成的糖类因降解造成的损失比较少。稀酸水解生成的糖类可发酵成乙醇，而处理后的材料可进一步经微生物纤维素酶的降解转化。然而，在酸处理过程中，半纤维素上乙酰基脱出产生的乙酸与糖类降解产生的少量糠醛和羟基糠醛仍有毒性，对后期的发酵有一定的抑制作用。通常需要采用离子交换、过量石灰中和等措施脱毒，或选育和使用能抗毒性物质的酒精发酵菌。尽管目前的稀硫酸预处理技术存在设备需要使用价格高昂的耐腐蚀材料、中和脱毒需要耗用大量化学品，以及处理中和反应产生的大量石膏或其他盐类都增加了成本等问题，但目前仍被广泛认为是最接近实用化的预处理技术。

（二）蒸汽爆碎技术

在众多预处理方法中，高压蒸汽爆碎技术是兼具高效、低成本和无污染特点的新技术。向装有植物纤维物质的压力罐中通入高压蒸汽，使罐温度达到 200 ℃～240 ℃，维持较短时间（30 s～20 min）后，突然减压将物料喷出，使物料爆碎。在高温条件下，原料中的半纤维素会迅速分解释放出有机酸，进而发生自水解作用而可熔化。细胞间的木质素也能出现熔化，并发生部分降解，变得易被热水、有机溶剂或稀碱抽提。加上突然减压爆碎的机械分离作用，使植物细胞间质或细胞壁变疏松，细胞游离，纤维素的可酶解性明显增强。蒸汽爆碎技术的关键在于精确控制处理强度（蒸汽温度和处理时间）和处理的均匀度。控制不当，半纤维素等未充分降解或降解产生的单糖被进一步降解破坏，得糖率往往会低于理论值的65%。通过优化处理条件，发现较高的气压（温度达240 ℃以上）和较短的处理时间（1 min 以内），既可使秸秆等纤维废物的酶解率超过 90%，又不会破坏所产生的单糖。只是这样的条件对设备条件要求非常高。简单的分批处理在大规模应用时，难以均匀地达到上述要求。加拿大已设计出用螺旋挤压推进原料、高压蒸汽瞬时处理来进行连续蒸汽爆碎处理的中试设备，但设备结构复杂、投资大，运转成本也较高。

（三）低温氨爆处理、湿氧化法及其他脱木质素技术

作为碱性物质，氨能破坏木质素结构。用液氨在低温下处理纤维性材料，并用突然减压的方法产生爆碎效应，可用于增强某些草类和农业残余物的可消化性。该技术通过大量研究，已取得了一定程度的成功。爆碎后气化的氨比较容易回收，又不会形成发酵抑制物，能量消耗和投资成本也是比较合理的，有望改进秸秆转化工艺的经济可行性。湿氧化法是在加温加压条件下，水和氧气共同参与的反应。加入 Na_2CO_3 后可防止纤维素受损，使木质素和半纤维素溶解于碱液中，而与纤维素分离，能减少糠醛之类副产物的形成。其他脱木质素的化学方法还有很多，如造纸厂各种制浆方法所采用的化学处理，如硫酸盐、亚硫酸盐、烧碱法等制浆方法，但成本往往比较高，而且木质素溶出后，往往会造成严重的环境污染，也影响木质素用作工艺产能燃料或进一步的转化利用。

二、纤维素酶的生产和纤维素水解技术研究

（一）纤维素酶高产菌种的筛选和诱变育种

目前，用于生产纤维素酶的微生物大多属于菌。研究得较多的有木霉属（Trichoderma）、曲霉属（Aspergillus）、青霉属（Penicillium）等。其中木霉、青霉产生的纤维素酶活力往往最高，酶组分最全，因而应用也最广泛。曲霉和根霉产生的主要是内切型纤维素酶，多用于纺织和造纸等行业纤维材料的表面加工。

一般而言，从自然界筛选分离的野生型菌株产酶能力比较弱。为了提高纤维素酶的活力，诱变育种是一个有效的途径。木霉是常用的生产菌，因此，诱变工作大多是用木霉进行的，并且获得了纤维素酶活力显著提高的菌株。

葡萄糖等易代谢碳源能引起降解物阻遏效应，阻遏纤维素酶等难降解底物水解酶的生

物合成，是影响纤维素酶产量提高的主要限制性因素。

为提高诱变育种的效率，有些地方又选出了一株瑞氏木霉抗甘油阻遏突变株 NG14，进而又选出 C230 突变株，对葡萄糖也有抗阻遏特性，纤维酶活得到明显提高。

山东大学的研究者改进了抗阻遏突变株的筛选方法，选出的一株纤维素酶高产菌株斜卧青霉（P. decumbens）JU1，具有明显的抗降解阻遏特性，可在含有大量可溶性糖的培养基上合成纤维素酶。这就为其快速生长和利用含糖废液作为培养基创造了条件，现已用于工业生产。

（二）纤维素酶生产技术

纤维素酶的生产可采用液体培养和固体培养两种方法。我国采用的固体培养方法包括薄层的曲盘培养、帘子培养和厚层的通风培养等。生产上常用的是厚层通风培养，也称厚层通风曲或箱曲，设备比较简单，易于推广，但容易污染杂菌，温度和湿度不易控制，用于大规模生产难以稳定。中国科学院过程工程研究所在固态发酵技术产业化方面进行了长期研究，设计了可实现纯种培养的 100 m^3 纤维素酶新型固态发酵反应器及其配套技术和设备。使用该反应器，以汽爆玉米秸秆为主要发酵原料进行纤维素酶的生产，不仅缩短了纤维素酶的发酵周期，而且提高了纤维二糖酶活。液体深层培养的培养条件容易控制，不易染杂菌，生产效率高。

（三）乙醇发酵菌株选育和戊糖代谢工程菌构建

理想的秸秆乙醇发酵菌应能发酵所有秸秆来源的糖，具有对木素单体、乙酸和其他抑制性副产物的良好抗性，并同纤维素完全水解所需的纤维素酶有协同作用。近年来，许多研究机构都开展了利用代谢工程手段构建高得率、高生产率、宽底物范围、产物专一性以及耐乙醇和水解抑制物的木糖发酵菌的研究。

1. 木糖代谢途径和菌株改造策略

通常，微生物代谢木糖成木酮糖有两种途径。细菌一般采用由木糖异构酶催化的一步途径；而酵母菌中发现的通常是涉及木糖还原酶（XR）和木糖醇脱氢酶（XDH）的两步反应。木酮糖随后被木酮糖激酶（XK）催化磷酸化为木糖，并通过磷酸戊糖途径和糖酵解（EMP）途径（或在运动发酵单胞菌中为 ED 途径）进一步降解。

利用木糖和其他非发酵糖的发酵菌株构建的代谢工程可以通过两类方法进行：天然底物利用策略和重组菌底物利用策略。“天然底物利用”策略是从能够广泛利用底物的微生物，如大肠杆菌和产酸克雷伯氏菌出发，借助其本来就有的木糖、阿拉伯糖利用能力，通过基因工程技术改善其产物的选择性（如导入转化丙酮酸为乙醇的途径，使其更多地生成乙醇，或阻断其副产物合成途径）及其他同合成产物相关的特性（如耐酒精及其他毒性抑制物的能力）。而“重组菌底物利用策略”则从已有很高产物选择性和其他产物合成特性的乙醇发酵菌株，如酿酒酵母和运动发酵单胞菌出发，通过代谢工程手段赋予其利用戊糖

(木糖或阿拉伯糖) 发酵的能力。

2. 天然底物利用策略

在构建能发酵木糖为乙醇的大肠杆菌、植生克雷伯氏菌、菊欧文氏菌方面已取得了部分成功。大肠杆菌等能有效地利用发酵木质纤维素材料的所有糖组分葡萄糖、木糖、甘露糖、阿拉伯糖和半乳糖，对乙醇也有一定耐性。但通常乙醇只是这些肠细菌产生的众多产物之一。乙醇高产的关键在于丙酮酸脱羧酶（PDC）和醇脱氢酶（ADH）系统。第一代重组菌只扩增了 PDC 活性，而利用其内源的 ADH 来将乙醛还原同 NADH 氧化偶联起来。由于 ADH 不足，造成 NADH 积累，进而促成了各种不需要的副产物形成。还有人将运动发酵单胞菌编码 PDC 和 ADH 的基因（PDC 和 ADHB）构建称为 PET 的人造操纵子，用质粒转化至大肠杆菌，并实现了基因高表达，促使丙酮酸代谢导向产生乙醇。将重组菌 K011A 培养在类似于半纤维素水解液的混合糖液中时，葡萄糖首先被消耗，阿拉伯糖和木糖也依次被利用，得到了接近最大理论得率的乙醇。植生克雷伯氏菌的重组菌 M5A1 也达到了相似的水平，而且该菌具有利用纤维二糖的能力，可减少酶水解时对纤维二糖酶的需求。

3. 重组菌底物利用策略

运动发酵单胞菌通过 ED 途径转化各种已糖为乙醇，具有生成菌体量低、发酵快和乙醇得率高等优点，但不能利用木糖和阿拉伯糖。早期，有人向该菌中导入其他细菌的 XI（xylA）和 XK（xylB）基因，并获得表达，但发酵结果不理想。很快人们发现，在该菌中检测不到完成戊糖代谢途径必需的转酮酶（TKL）和转醛酶（TAL）活性。可利用复杂的克隆技术，构建带有两个独立操纵子的杂合穿梭质粒（pZB5），分别编码大肠杆菌的 xylA 和 xylB 基因，以及转酮酶（tktA）转醛酶（tai）基因，成功地转化了运动发酵单胞菌 CP4 菌株。重组菌利用木糖作为唯一碳源生长，能有效地将理论得率 82%~87%的木糖和葡萄糖转化为乙醇。

后来，又从大肠杆菌中克隆了与阿拉伯糖代谢相关的阿拉伯糖异构酶（araA）、核酮糖激酶（araB）、磷酸核酮糖差向（异构）酶（araD）基因。最终，将编码与木糖同化、阿拉伯糖同化和戊糖磷酸途径相关的 7 个关键酶的基因，都导入了运动发酵单胞菌，使重组菌具同时发酵稻草、玉米纤维和锯末水解物中的葡萄糖、木糖和阿拉伯糖生成酒精的能力。为了提高重组菌在没有抗生素选择压力的情况下外源基因的稳定性，又把这 7 个基因整合进了运动发酵单胞菌的基因组。使用重组菌株连续发酵玉米纤维水解液（含 35 g/L 葡萄糖、20 g/L 木糖和 17 g/L 阿拉伯糖）51~168 h，乙醇浓度为 15~20 g/L。葡萄糖利用可达 100%，木糖利用达 84.2%~97.5%，阿拉伯糖利用达 72.7%~85.9%。

酵母菌是最安全和最有效的酒精发酵菌，已在酒精工业中长期使用。

目前，发酵菌株改造工作的前沿研究还包括：改进重组菌株的工业粗放性（如减少其对预处理过程中产生的抑制物的敏感性）；增加能利用的糖的种类（如利用阿拉伯糖）；

增加生产产物的种类（如乳酸）等。

三、纤维素糖化发酵工艺

使用酶水解法生物转化纤维类秸秆的过程通常涉及4步生物催化反应：纤维素酶生产、纤维素水解、己糖发酵和戊糖发酵。根据这些生物反应被组合的程度，工艺过程变化很大。

（一）水解发酵二段法

将纤维素先用纤维素酶糖化，再经酵母发酵成酒精的方法，即所谓的水解发酵二段法（SHF）。这种方法可以分别使用水解和发酵各自的最适条件（分别为50 ℃和30 ℃），但是酶水解产生的产物（纤维二糖和葡萄糖）会反馈抑制水解反应。随着水解过程中葡萄糖浓度的不断升高，酶解反应很快就因为产物抑制作用导致反应速度降低，反应难以进行完全。补加K2葡萄糖苷酶能防止纤维二糖积累，避免其抑制外切纤维素酶的作用。

（二）同步糖化发酵

在加入纤维素酶的同时接种酒精发酵的酵母，可使生成的葡萄糖立即被酵母发酵成酒精；去除产物抑制后，就可以不妨碍纤维素糖化继续进行，酒精得率可显著提高。这就是所谓的同步糖化发酵技术（SSF）。SSF技术的关键是选择最适的酵母。酶解的最适宜温度约为5 ℃，而普通酿酒的最适发酵温度通常约为30 ℃。选择耐高温酵母有利于SSF技术的应用。美国国家可再生能源实验室（NREL）使用酿酒酵母发酵的最佳结果是在38 ℃条件下获得的。在最佳的酶、酵母和最适反应条件下，将80%以上的纤维素转化为乙醇。为提高纤维素乙醇发酵浓度，减少乙醇对发酵过程的抑制，中国科学院过程工程研究所提出了纤维素固相酶解-液体发酵乙醇偶合技术体系，并获中国发明专利。新技术降低了液体中多余的游离纤维素酶，使纤维素酶用量和费用降低；减少了纤维素固相酶解发酵剩余物中的废水量；糖化与发酵在一个反应器不同的间隔区域进行，便于协调糖化与发酵的最佳作用温度；克服了固相状态不利于快速乙醇发酵的不足；实现了酶解糖化2液体发酵乙醇2吸附分离三重偶合过程，降低了乙醇的生产成本。

（三）同步糖化共发酵

随着能同时发酵戊糖和己糖的稳定的基因重组菌株的获得，同步糖化共发酵（SSCF）技术也发展起来。在中试条件下，经过稀酸预处理的玉米纤维在总固体物浓度为20%、纤维素酶用量为10 IFPU/g纤维素、30 ℃、150 r/min、PH510的条件下，使用重组酵母LNH2ST菌株进行同步糖化共发酵4天，78.4%的可用葡萄糖和56.1%的可用木糖被转化成乙醇。

（四）统合生物工艺

统合生物工艺（CBP），早期被称为直接微生物转化（DMC），可将纤维素酶生产、水解和发酵组合在一步里完成。这就要求纤维素酶生成和乙醇发酵都由一种微生物或一个微生物群体来施行。自然界中的某些微生物如梭状芽孢杆菌、念珠菌、镰刀菌、脉孢菌等都具有直接把秸秆转化为乙醇的能力。这就使我们能够在同一个生物反应器中，利用同一种微生物完成秸秆转化为酒精所需的酶制备、酶水解及多种糖类的酒精发酵等全过程，从而为简化工艺和降低成本提供了可能。CBP 需要的菌株也可以通过代谢途径工程方法构建。像木糖发酵菌株构建一样，CBP 代谢工程也可以通过两条途径进行：使用能降解纤维素的微生物，如热纤梭菌作为出发株，进行末端产物（乙醇）代谢途径的代谢工程；使用发酵产物的得率和耐性都已经过考验的菌株，如酵母通过外源纤维素酶的表达使其也能降解转化纤维素。将欧文氏菌的两种内切葡聚糖酶的基因克隆到能生产乙醇的克雷伯氏菌（Klebsiella）中，使该菌配合真菌纤维素酶发酵，纤维素产生的乙醇增加了 22%。

（五）分批补料技术和纤维素 2 淀粉共发酵

由于纤维性原料比容大、吸水性强、产酒精率低，即使采用半固态发酵，酒醪的酒度也不高。为提高酒度，充分利用残留的纤维素酶，中期补料是必需的。为了进一步提高酒醪的酒度，我们探索了利用纤维素酶曲中含有的淀粉酶活性进行纤维素 2 淀粉共发酵的可能性。在纤维废渣补料发酵的后期，向酒醪中添加一定量的玉米粉，酒醪酒精度可以大幅度提高。根据不加玉米粉对照组的结果，计算出的玉米粉酒精得率接近理论值。如此，不仅玉米粉得到了充分利用，酒醪的酒精度也达到了工业化生产要求。

四、玉米秸秆制取乙醇案例分析

本部分对国内某企业用玉米秸秆生产燃料乙醇技术进行案例分析。

（一）玉米秸秆制造燃料乙醇的工艺流程

按工艺操作的顺序，玉米秸秆制造燃料乙醇的流程分为七个部分：玉米秸秆预处理、酶水解、发酵种子培养、酒精发酵、醪液分离、蒸馏脱水和木糖制备。

1. 玉米秸秆预处理

本系统采用酶水解工艺，并选择蒸汽爆破对玉米秸秆进行预处理。步骤是玉米秸秆经除石、除铁、清洗，用切割机切成 1.5 cm 的长段，水浸 40 min，送到间歇蒸汽爆破器的料仓，经余汽预热后加入蒸汽爆破器压实，通往蒸汽，压力达到 2.5 MPa 后，保温 8 min，开启泄压阀将料喷入储仓中。经汽爆处理后，玉米秸秆的纤维素水解转化率可达 70%以上，汽爆废气中的少量糖醛可回收，对环境影响轻微。蒸汽爆破法的原理是将原料置于高温、高压中，高压蒸汽渗入纤维内部。当快速降至常温、常压时，蒸汽从原料孔隙中释放出来，木质素与纤维素部分的分离、氢键的破坏，游离出新的羟基，增加了纤维素的吸附能力，与纤维素酶的接触面积增大。

2. 酶水解

将汽爆后 10%的玉米秸秆经水洗后转入产酶罐，加适量营养盐，接入里斯木霉 Rut-

C_{30} 菌种，40 h 达到产酶高峰。产酶过程中的洗渣水含 3%～5%的五碳糖，可回收入糖液罐，用于发酵生产酒精。产酶灌中的液体 1/3 作为工艺水返回浸泡罐，1/3 收集到另一储罐用于生产木糖。里斯木霉发酵结束后，将此发酵物作为纤维素酶与另外 90%的玉米秸秆汽爆渣混合，50 ℃保温水解 24 h，纤维素转化率达到 70%以上。经压滤得到 6%左右的稀糖液，此稀糖液经闪蒸和无机膜超滤浓缩成 20%～24%的糖液，可用于酒精发酵。滤渣饼的主要成分是木质素和少量未水解纤维素，可用作锅炉燃料。

3. 发酵种子培养

酒精发酵菌种采用可以同时利用六碳糖和五碳糖的休哈塔酵母，用常规方法进行发酵种子培养。

4. 酒精发酵

酶解浓缩得到的 20%以上的糖加入适量营养盐，接入休哈塔酵母种子（0.8×10^9～1.2×10^9 个/毫升），30 ℃发酵 24 h，醪液酒分可达到 10%（体积分数）左右，糖的酒精转化率达到 85%以上。

5. 醪液分离

将醪液中的酵母菌体用离心分离机分离回收做饲料。

6. 蒸馏脱水

分离除去酵母菌体后的发酵醪液入蒸馏塔蒸馏成 95%酒精，再入分子筛塔脱水得无水乙醇。由于采用了无机膜超滤浓缩糖液工艺，使发酵所产生的酒精含量达到 10%左右，蒸汽消耗量降低 2/3 以上。蒸馏塔冷凝水回用于预处理工段浸料和锅炉补水，低压余汽用于原料预热。蒸馏塔底废液经厌氧、好氧处理达标后排放。

7. 木糖制备

汽爆后得到的水洗液中有 5%～6%的单糖，其中木糖占 60%～70%，水洗液经活性炭脱色、过滤、浓缩、结晶得到副产品木糖。

（二）关键技术和主要生产设施

玉米秸秆制造燃料乙醇工艺的关键技术：蒸汽爆破预处理技术，酶水解技术，无机膜浓缩技术，休哈塔酵母六碳糖、五碳糖同时酒精发酵技术。

主要生产设施：汽爆器、木霉纤维素生产机组、酶解机组、压滤机组、离心分离机组、膜分离机组、蒸馏塔（四塔）、水电气公用工程、仪器仪表系统、化验室系统及相应土建工程。

第三节　秸秆间接液化技术

费托合成简称 F-T 合成，是间接液化技术之一，以合成气为原料，在催化剂和适当反应条件下合成各种烃类及含氧有机化合物的液体燃料的工艺过程。

其反应过程可以用下式表示：

$$nCO + 2nH_2 \rightarrow 【-CH_2-】n + nH_2O$$

费托合成的工艺流程主要包括气化、气体净化、变换和重整、合成和产品精制改质等部分。合成气中的氢气与一氧化碳的摩尔比要求在2~2.5；反应器采用固定床或流化床两种形式。如以生产柴油为主，宜采用固定床反应器；如以生产汽油为主，则宜采用流化床反应器。

一、影响因素

影响F-T合成反应速度、转化率和产品分布的因素很多，主要是催化剂和反应器类型。

（一）催化剂的影响

F-T合成主要运用的是Fe（铁）催化剂和Co（钴）催化剂。其比较如下：

1. Fe催化剂

Fe催化剂具有很好的时空产率，价格相对廉价，储量丰富；水的抑制效应使得Fe会逐渐失活，导致其选择性和反应速率降低，对操作条件缺乏灵敏性，使用寿命短。

2. Co催化剂

Co加氢活性高，具有F-T高链增长能力，反应过程中稳定且不易积碳和中毒，产物中含氧化合物极少，水煤气变换反应不敏感，使用寿命长；必须在低温下操作，反应速率低，产品中烯烃含量较低。

理想的催化剂应当是高活性、高选择性、性能稳定、使用寿命长的催化剂。

（二）不同反应器的影响

用于F-T合成的反应器先后有固定床、流化床和浆态床等。

1. 固定床反应器

反应温度较低，不易发生催化剂失活，同时反应器尺寸较小，操作简便。但其结构复杂，价格昂贵，一旦选择的催化剂使用周期较短，频繁更换会使操作和维修十分困难，不利于连续性生产。

2. 循环流化床反应器

外传效率高，控制温度好，催化剂可连续再生，单元设备生产能力大，结构比较简单，但是运用到生产中会出现放大效应。固定流化床反应器在循环流化床的基础上取消了催化剂循环系统，加入的催化剂量少且利用率高，维修费用较低，产品的转化率较高，操作简单；分离效果好，并且磨损问题基本上无需考虑。

3. 浆态床

浆态床是一种气、液、固三相的流化床，由于反应在液相中进行，温度压力容易控制，同时传热传质效果好。因而操作弹性大，单程转化率高。催化剂在液相中不会因挤压而破裂，载荷均匀。但其缺点是由于液体的阻力大，传递速度小，催化剂活性低。

二、液化技术的趋势

（1）催化剂：理想的催化剂应该是兼有铁催化剂和钴催化剂二者的优点。

（2）反应器的发展趋势：浆态床反应器无论是在对反应速率、选择性的影响上，还是自身的结构、成本和易于放大的特点上，均优于其他反应器，是今后主要的发展方向。

（3）如何提高 F-T 合成活性、减少尾气中 CO_2 和 CH_4 的产生，以及降低反应过程中的能耗是未来 F-T 合成技术实现工业化生产亟待解决的问题。

第六章　秸秆制沼气技术

第一节　秸秆制沼气技术的优点

一、秸秆制沼气的基本知识

（一）秸秆制沼气的优点

秸秆沼气（生物气化）是将秸秆作为沼气发酵主要原料，通过粉碎后堆沤破坏秸秆表面的蜡质层，促进半纤维素和纤维素的分解，使秸秆柔软、疏松，并经厌氧微生物发酵作用生产沼气和有机肥料，实现废弃的秸秆资源无污染的清洁能源转化的技术，是农作物秸秆利用的有效途径。

常规发展沼气时以人畜粪便为主要原料，而秸秆产沼气则充分利用稻草、玉米等秸秆，适用于缺乏原料的农村地区，可有效解决沼气推广过程中人畜粪源原料不足的问题，使不养牲畜的农户也能使用清洁能源，大大提高沼气池的使用率，为农村沼气建设的可持续发展提供强有力的科技支持。另外，秸秆入池产气后产生的沼渣是优质的有机肥料，可作为有机肥料还田（过池还田），提高秸秆资源的利用效率。总的来说，秸秆制沼气有以下的优点：

（1）有利于解决农村能源问题。一户 3~4 口人的家庭，修建一个 10 m^3 的沼气池，只要发酵原料充足，管理得当，就能解决照明、煮饭的燃料问题，替代标准煤的消耗，增加优质可再生能源的供应，显著减少能源消耗，缓解国家能源压力，转变农业增长方式，符合我国发展农业循环经济的理念。

（2）有利于促进农业生产发展。兴办起沼气后，大量畜禽粪便加入沼气池发酵，既可生产沼气，又可沤制出大量优质有机肥料，扩大了有机肥料的来源。作物施用沼肥后不但可增强抗旱防冻的能力，而且使用沼渣、沼液替代化肥，还可减少农药和化肥施用量、改良土壤，有利于生产绿色无公害食品。

（3）沼气提供优质生活燃料，可改善农村卫生环境，提高农民生活质量。利用沼气当燃料，无烟无尘，清洁方便。一些粪便、垃圾、生活污水等都是沼气发酵的优质原料，随这些原料进入沼气池的病菌、寄生虫卵等，也会在沼气池中因密闭发酵而被杀死。改善生活卫生状况和环境卫生条件，减少疾病传播，摆脱烟熏火燎处境，降低劳动强度，从而可改观村容村貌，为建设社会主义新农村和实现农村小康发挥重大的作用。

（4）有利于保护林草植被，巩固退耕还林还草生态环境建设成果。兴办沼气解决了农民的燃料问题，减少了森林砍伐对山场、植被的破坏，有利于保护林草资源，促进植树造林的发展，减少水土流失，改善农业生态环境。使用沼渣、沼液替代农药，可减少农药施用量，降低农产品中的农药残留，节省支出，能有效治理畜禽养殖场粪污污染，实现粪便资源化利用和废水达标排放，保护水源。

（5）有利于解放劳动力，推进农业结构调整，促进农民增收和农业增效。沼气池建设与维护可吸纳农村剩余劳动力，过去捡柴、运煤花费的大量劳动力就能节约下来从事沼气池的管理。

（二）沼气的成分及其性质

沼气是无色、有味、有毒的气体，它是由多种气体组成的混合气体，其中包括甲烷、二氧化碳、硫化氢、一氧化碳、氢、氧、氮等气体。以甲烷的含量最多，占总体积的 50%~70%，二氧化碳占 25%~40%，其他几种气体较少，总体积占比约为 1%~5%。

沼气能够燃烧主要就是靠甲烷，它和一定数量的空气混合，点火即可燃烧，产生蓝色的火焰并释放大量的热能。有时候会闻到臭鸡蛋的气味，这是硫化氢的特有气味，点火燃烧后，这种气味即消失。甲烷是烃类分子组成最简单的物质，化学式 CH_4。甲烷是优质的气体燃料。纯甲烷每立方米发热量为 36.8 kJ。沼气每立方米的发热量约 23.4 kJ，相当于 0.55 kg 柴油或 0.8 kg 煤炭充分燃烧后放出的热量。从热效率分析，每立方米沼气所能利用的热量，相当于燃烧 3.03 kg 煤所能利用的热量。甲烷对人基本无毒，但浓度过高时，空气中氧含量便会明显下降，使人产生窒息感。当空气中甲烷达 25%~30%时，可引起头痛、头晕、乏力、注意力不集中、呼吸和心跳加速，若不及时脱离，可致窒息死亡。

二、沼气的主要用途

沼气除了用于农户生活炊事、照明用能外，在农业生产上还能用于温室大棚内增温和二氧化碳补给幼禽及蚕房增温、孵禽、点灯诱蛾、贮粮、果蔬保鲜以及发电、沼气热水器和沼气喷灯等。

（1）温室大棚中点燃沼气灯、炉，燃烧释放的热量，可提高大棚内的温度和增加光照。大气中的二氧化碳占 0.035%，而绿色植物需要的适宜浓度是 0.1%。在气温较低的清晨点燃沼气灯，其燃烧后排放的二氧化碳，可向大棚内的农作物供应“气肥”，在一定浓度范围内，蔬菜的光合作用加强，促进增产。试验表明，燃烧沼气给温室大棚提供二氧化碳气肥，可使黄瓜增产约 36%~69%、菜豆增产约 67%~82%、西红柿增产约 90%。

（2）沼气灯光的波长在 300~1 000 nm，利用许多害虫对 330~400 nm 的紫外光有趋光性，诱蛾养鱼、养鸡、养鸭，可以一举多得。在距地面或鱼塘 80~90 cm 处吊沼气灯诱蛾可喂鱼。在沼气灯下放置盛水盆，水面上滴少许食用油，当害虫大量涌来时，落入水中，便会被水面浮油粘住翅膀死亡，可供鸡、鸭采食。

（3）沼气灯可以用于育雏鸡。1~2 日龄雏鸡可光照 23 h，3~4 日龄光照 22 h，4~7 日龄光照 20 h，以后逐渐减少。沼气灯育雏方法简单，投资小，效果好。但要注意通风换气，以防因废气过多而使小鸡中毒。利用沼气灯做光源补充，将光照时间补足到 16 h，给蛋鸡增温、增光照，可弥补蛋鸡在产蛋期光照不足的问题。

（4）沼气可以用来保鲜水果和蔬菜，因为沼气中的主要成分是甲烷，含量达 60%~70%，还有二氧化碳、一氧化碳、氮和少量硫化氢等气体。利用沼气保鲜果蔬，实际上就是利用沼气中高含量的甲烷、二氧化碳等气体，将沼气输入粮仓而置换出空气，造成低氧环境，使水果和蔬菜的呼吸强度降到最低限度，延缓新陈代谢过程，控制乙烯产生，达到保鲜目的，可延长水果类上市期 1~3 个月，延长蔬菜类上市期一个月左右。沼气储粮也是根据“气调储藏”原理，利用沼气含氧量低的特点，致使粮仓中的害虫窒息而死。利用沼气保鲜水果和储粮，具有保鲜时间长、方法简单、操作方便、投资少、无污染、成本低、效果好等优点。综合开发利用沼气，对提高水果蔬菜附加值、增加农民收益，效果十分明显。

第二节　秸秆制沼气的原理

一、沼气池的工作原理

沼气发酵又称为厌氧消化、厌氧发酵和甲烷发酵，是指有机物质（如人畜粪便、秸秆、杂草等）在一定的水分、温度和厌氧条件下，在沼气池中被各种不同类型的微生物分解代谢，最终形成甲烷和二氧化碳等混合气体（沼气）的复杂的生物化学过程。

农村户用沼气池一般为水压式，其工作原理简单地讲就是“气压水，水压气”。当沼气池内装入一定量的发酵原料并封池之后，沼气池内就形成了以液面为界，下为发酵料液，上为储存气体的两个部分。发酵原料在沼气微生物的作用下，不断地产生沼气并形成压力，当储气部分的气体所产生的压力大于外界大气的压力时，主池内液面下降，被压入进、出料管，使进、出料管的液面上升，这个过程就称为“气压水”。使用沼气时，沼气池内的压力逐渐下降，水压间料液不断流回主池，直到沼气池内外料液面相平，这一过程称为“水压气”。沼气池内的料液平面不断变化，使发酵间和出料间始终维持压力平衡的状态。

二、沼气发酵与微生物的关系

（一）沼气池内的细菌分类

沼气池内的细菌按照在生长过程中对氧气的要求可分为需氧菌、专性厌氧菌和兼性厌氧菌三类。其中专性厌氧菌数量最大，是在不产甲烷阶段起主要作用的菌类。产甲烷菌是沼气的生产者，也是沼气发酵的核心，对氧和氧化剂非常敏感，属严格厌氧，适合 pH 值的范围为中性或微碱性。甲烷菌在自然界分布广泛，如湖泊、沼泽、土壤中，淡水或碱水池塘污泥中，下水道污泥、腐烂秸秆堆以及城乡垃圾堆中都有大量的甲烷菌存在。

在沼气发酵中，产甲烷菌和不产甲烷菌相互依赖、相互制约，一方面互为对方创造维持生命活动所需的物质基础和适宜的环境条件，另一方面通过代谢产物、环境参数等相互约束，避免某类菌群过度繁殖或代谢失衡，它们之间的关系主要表现在以下几个方面：

（1）不产甲烷菌为产甲烷菌提供生命活动所需的物质和养分，产甲烷菌帮助不产甲烷菌为其生化反应解除反馈抑制。

（2）不产甲烷菌为产甲烷菌创造适合其生长和产甲烷的厌氧环境。

（3）不产甲烷菌与产甲烷菌共同调节维持沼气池中的 pH 值，使其保持在一个适宜的状态。

（二）沼气发酵的过程

沼气发酵的实质是微生物自身物质代谢和能量代谢的一个生理过程。沼气发酵过程中，微生物在厌氧的情况下为了获得自身生活和繁殖所需的能量，会将一些高能量的有机物质分解，有机物质在转变为简单的低能量成分的同时释放出能量供微生物代谢用。沼气发酵的整个过程可分为三个阶段。

（1）第一个阶段是液化阶段。由微生物的胞外酶，如纤维素酶、淀粉酶、蛋白酶和脂肪酸酶等对有机物质进行体外酶解，将多糖水解成单糖或二糖、蛋白质分解成多肽和氨基酸、脂肪分解成甘油和脂肪酸。这些微生物可以对有机物质进行体外酶解，把固体有机物转变成可溶于水的物质。这些水解产物可以进入微生物细胞，并参与细胞内的生物化学反应。

（2）第二个阶段是产酸阶段。上述水解产物进入微生物细胞后，在胞内酶的作用下，进一步将它们分解成小分子化合物，如低级挥发性脂肪酸、醇、醛、酮、脂类、中性化合物、氢气、二氧化碳、游离状态氨等。其中主要是挥发性酸，乙酸比例最大，约占 80%，故此阶段称为产酸阶段。参与这一阶段的细菌，统称为产酸菌。

液化阶段和产酸阶段是一个连续过程，可统称为不产甲烷阶段。这个阶段在厌氧条件下，经过多种微生物的协同作战，将原料中的碳水化合物（主要是纤维素和半纤维素）、蛋白质、脂肪等分解成小分子化合物，同时产生二氧化碳和氢气，这些都是合成甲烷的基质。因此，可以把液化阶段和产酸阶段看成是原料加工阶段，将复杂的有机物转化成可供甲烷细菌利用的基质，如甲酸、乙酸、丙酸等。其中乙酸就是脂肪、淀粉和蛋白质发酵后生成的一种副产物，甲烷大部分是在发酵过程中由乙酸形成的，所以这个阶段为大量产生甲烷奠定了雄厚的物质基础。

(3) 第三个阶段是产甲烷阶段。在这一阶段，产氨细菌大量繁殖和活动，氨态氮浓度增高，挥发酸浓度下降，为产甲烷菌创造了适宜的生活环境，产甲烷菌大量繁殖。产甲烷菌利用简单的有机物、二氧化碳和氢等合成甲烷。

第三节　秸秆沼气发酵技术研究

一、秸秆制沼气的条件

沼气发酵是由多种细菌群参与完成的，它们在沼气池中进行新陈代谢和生长繁殖的过程需要一定的生活条件，如果人工创造适宜的生长条件，可使微生物迅速繁殖，加快沼气池内的有机物分解。因此，满足微生物的生长条件和配合建造合适的沼气池并保持正常运行就能获得较高的产气率和生产较多的有机沼肥。

（一）严格的厌氧环境

严格的厌氧环境是沼气发酵的最主要条件之一。沼气发酵中起主要作用的厌氧分解菌和产甲烷菌怕氧气，在空气中暴露会死亡，空气中的氧气对它们有毒害致死的作用。修建的沼气池进出料口外必须严格密闭，达到不漏水、不漏气，以保证沼气细菌进行正常生命代谢活动和贮存沼气。

（二）发酵原料要有适宜的碳氮比例

沼气发酵原料是产生沼气的物质基础，又是沼气发酵细菌赖以生存的养料来源。沼气细菌正常生长繁殖必须从发酵原料里吸取充分的营养物质用于生命活动，进而产生沼气。沼气发酵时，原料不仅要充足，还要适当搭配。沼气发酵微生物对碳素需要量最多，其次是氮素，我们把微生物对碳素和氮素的需要量的比值叫作碳氮比，用“C：N”来表示。农村常用沼气原料的碳氮比一般为25：1~30：1，因此，在进行发酵原料的混合时，要调节好粪便和秸秆的比例。一般情况下，鲜人粪和作物秸秆的重量比为2：1，如果缺乏人粪便，在沼气池中可加入发酵原料0.3%以下的碳酸氢铵、0.1%以下的尿素，也可有效提高沼池的产气率。

（三）合理的发酵液浓度

沼气池中的料液在发酵过程中需要保持一定的浓度才能正常产气运行。农村沼气池的发酵料液浓度一般为6%~12%。发酵料液浓度过高，产酸菌产生大量乙酸，使产甲烷菌受到抑制，造成乙酸的富集，还可能形成酸化。发酵液的浓度过低，有机物含量少，产气量就少。夏季发酵池温度高，原料分解速度快，发酵料液浓度可以低些，一般控制在6%~8%；冬季池温低，原料分解慢，发酵料液浓度可以高些，一般保持在8%~12%。农村户用沼气池的发酵液浓度可根据原料多少、用气需要以及季节变化来调整。农用沼气池在投入发酵原料时，可以按以下比例配制：人粪便占投料的10%，牲畜粪便、秸秆及青草类占投料的40%，水占投料的50%。

（四）适宜的发酵温度

温度是沼气发酵的重要外因条件，是产气好坏的关键。温度适宜则细菌繁殖旺盛，活力强，厌氧分解和生成甲烷的速度就快，产气就多。在10 ℃~60 ℃的范围内，沼气均能正常发酵产气，最适温度为35 ℃。按照温度高低，发酵方式可分为高温发酵、中温发酵和常温发酵三种，即46 ℃~60 ℃称为高温发酵，28 ℃~38 ℃称为中温发酵，10 ℃~26 ℃称为常温发酵。常温发酵的平均产气率为0.2 m^3/（m^3·天），农用沼气池一般在1月份气温最低，产气率也最低，为0.08~0.1 m^3/（m^3·天）；而7月份气温最高，产气率也最高，可达0.2~0.3 m^3/（m^3·天）。农村沼气池靠自然温度发酵，属于常温发酵。沼气的产气量随着季节而变化，1-2月份产气量最低，7-8月份最高，因而在冬季要采取一些保温措施，才有利于提高沼气产气率。通常在北方寒冷地区把沼气池修建在日光温室内或太阳能禽畜舍内，露天的沼气池必须建在冻土层以下，防寒保温，这些措施均可提高冬季沼气的产气量。

（五）适宜的酸碱度

沼气发酵细菌最适宜的pH值为6.8~7.5，最佳值是7.0~7.2，高于8.5或低于6.5对发酵都有一定的抑制作用，影响沼气池发酵的顺利进行。如果pH值在5.5以下，就是料液酸化的标志，其产甲烷菌的活动完全受到抑制。当发酵料液酸化时，可采取向沼气池中投加草木灰或石灰水的方法进行调节。如果发现发酵液偏酸（pH值小于6.5），可在发酵液中加入适量的石灰或草木灰；如发酵液偏碱（pH值大于7.5），则应加入一些鲜草、水草、树叶和水，酸碱度可逐步得到调节。在沼气池发酵的启动阶段，投料浓度过高或原料含碱的比例太大，使有机酸积累太快，酸碱度下降到6时，就会严重抑制产甲烷菌的活动，产生的气体大部分是二氧化碳。这是造成沼气池启动失败或运行失常的主要原因。所以新池启动，投料浓度应低些，不应过高。当沼气发酵正常进行后，再逐渐加入适量的原料。在沼气发酵过程中，即发酵初期，由于产酸细菌的迅速活动产生大量的有机酸，使pH值下降，随着发酵进行，pH值又恢复到正常值。沼气池内的pH值一直保持在6.8~7.5的范围内，发酵可正常运行。沼气池内的料液发酵时，只要保持一定的浓度、接种物和适宜的温度，发酵就会正常进行，不需要调整。

（六）优良的沼气菌接种物

沼气发酵启动时要有足够数量含优良沼气菌种的接种物，这是制取沼气的重要条件。

沼气发酵中菌种数量多少、质量好坏直接影响着沼气的产量和质量。新建沼气池第一次装料，必须加入足够数量且含有沼气细菌的接种物，否则很难产气或产气率不高，因甲烷含量低而无法燃烧。接种物的接种量要视接种物的种类不同、质量好坏而定。在农村，优良沼气菌种的接种物沼气发酵细菌普遍存在于粪坑底污泥、下水污泥、沼气发酵的渣水、沼泽污泥、豆制品作坊下水沟的污泥中。对农村沼气发酵来说，发酵温度为 28 ℃，要求接种物占发酵料液总量的 10%~30%，才能保证正常启动和旺盛产气。如采用老沼气池发酵液作为接种物时，接种量应占总发酵料液的 20%以上；采用沼气池底层沉渣作为接种物时，接种量应占总发酵料液的 10%~15%。沼气池大出料时要留下 10%~30%以活性污泥为主的料液作为接种物。加入适量的接种物还可以避免沼气池发酵初期产酸过多而导致发酵受阻。

（七）添加剂和阻抑物

可以促进有机物发酵分解和提高产气量的物质统称为添加剂。而另外有些物质可抑制发酵微生物生命活动的进行，需要在发酵时加以控制的物质称为抑制剂。为保证沼气发酵的正常进行，提高产气量，寻找各种添加剂和控制发酵抑制剂是很重要的。添加剂包括一些酶类、无机盐类及有机物质等。在沼气发酵中，添加适量的黑曲霉、钾、钠、钙、镁、活性炭粉末、尿素和油饼等物质，对提高产气率和原料分解率均有促进作用。例如，进料时加入一定数量的纤维素酶可起到加速物质分解、提高产气量的作用。向发酵液中添加硫酸锌、硫矿粉、碳酸钙、碳酸氢铵、炉灰等均可提高产气率和甲烷含量。以牛粪为主的沼气发酵中，添加尿素可加快产气。以秸秆和粪便为主要发酵原料的沼气池，在发酵启动的初期，添加料水总量 3%的碳酸氢铵或 1%的尿素，可促使产气旺期提早到来，发酵高峰过后，加些青杂草之类的富碳物质，可出现新的高峰，延长产气周期。

沼气细菌很容易受到阻抑物的作用，影响生命活动，妨碍产气。在沼气池内，产甲烷等细菌接触到有害物质时就会中毒，轻者停止繁殖，重者死亡，造成沼气池停止产气。沼气池内挥发酸浓度过高时，对沼气发酵菌有抑制和杀伤作用；各种农药，特别是剧毒农药、有机杀菌剂、抗生素、驱虫剂，都有极强的杀菌作用，即使微量也可使正常的沼气发酵完全遭到破坏。重金属化合物、含有毒性物质的工业废水、盐类，刚消过毒的禽畜粪便，喷洒了农药的作物茎叶，能作为土农药的各种植物如苦皮藤、树果（叶）、桃树叶、百部、马钱子果等，辛辣物（如葱、蒜、辣椒、韭菜、萝卜等）以及各类消毒制剂（84 消毒液、电石、洗衣粉、洗衣水等）均可抑制或杀伤沼气发酵菌。一些盐类，特别是很多金属离子，当超过一定浓度时，有强烈的抑制作用。在沼气池中，植物秸秆和人畜粪便中的磷素被微生物作用还原成磷化三氢，这是一种无色气体，微溶于水，有芥子气味，对人的中枢神经系统、心、肝、肾都有毒害作用。因此，含磷较高的有机原料，如菜籽饼、棉籽饼、骨粉以及各种矿物质磷酸盐肥料，诸如过磷酸钙、磷矿粉、钙镁磷肥是绝对不可入池。

二、秸秆沼气发酵的过程

沼气发酵工艺流程与发酵原料种类、沼气池结构、大小以及发酵温度有关。当前农村发展家庭用的小型沼气池为 6 m^3、8 m^3、10 m^3 池容的家用水压式沼气池，发酵原料多为秸秆、杂草和人畜粪便，采用常温发酵。农村实用沼气池的合理发酵工艺流程主要包括：选取（培育）菌种→农作物秸秆或杂草备料、进料→粉碎加水浸泡→加入碳酸氢铵和秸秆发酵菌剂堆垛发酵（调整 pH 值和浓度）→进池密封发酵（启动运转）→产气使用和日常管理（进出料、回流搅拌）。

（一）常用的沼气发酵原料

沼气发酵原料是产生沼气的物质基础，沼气发酵时各类微生物从发酵原料中汲取水分、碳源、氮源、无机盐和某些矿物元素。农村地区可以用来做沼气发酵的原料有很多。

1. 富含碳素的原料

各种农业废弃物、作物秸秆（稻草、麦草、玉米秸）、稻壳、花生壳、青杂草、烂叶草、水葫芦、作物秸秆、野生杂草、枯枝落叶等，是沼气产生的主要来源。其优点是原料的产气量高，缺点是分解速度慢，产气周期较长。

2. 含氮素较多的原料

最常用的是人畜禽（猪、牛、羊、鸡、鸭、鹅等）粪便，此类原料优点是无需预处理，含水量高达 70%～80%，分解速度和产气速度快，缺点是发酵周期短，总产气量较低。

3. 工业废弃物

主要指各种工业有机废水，如造纸、酒精、制药、制革、味精等，特点是来源广、原料化学成分及产气特性差别很大，需根据具体水质确定相应的处理方案。

4. 动物尸体

动物尸体作为沼气发酵的氮素原料是很理想的，它含氮高，易于消化。

5. 其他原料

有机废渣与废水（酒糟、制豆腐的废渣水、屠宰场废水）等，都是很好的沼气发酵原料。尿素、碳酸氢铵（臭肥）等作为补充氮源的添加剂，可增加沼气产量。

（二）发酵原料的选择

为了保证沼气池启动和发酵有充足而稳定的发酵原料，在投料前，需要选择有机营养适合的牛粪、猪粪、羊粪作为启动的发酵原料。因为这些粪便原料颗粒较细，含有较多的低分子化合物，氮素含量高，其碳氮比均小于 25∶1，处于适合发酵的碳氮比之内，所以选择以上粪便做发酵原料启动快、产气好。不宜单独用鸡粪、人粪和甘薯渣启动，因为这类原料在沼气细菌数量少的情况下，料液容易酸化，导致发酵无法正常进行。

在农村，一般用农作物秸秆和粪便制取沼气，由于两者来源和形成过程不同，它们的化学成分和结构也迥然不同，由此造成原料的产气量和发酵性能差异较大。在 35 ℃条件下，这类原料每千克干物质的产气量为 0.3~0.5 m^3；在 20 ℃条件下，每千克干物质的产气量为 35 ℃条件下产气量的 60%。

富氮原料通常是指畜禽粪便。其含氮量高，碳氮比多在 25∶1 以下，即在沼气发酵适宜的碳氮比范围内或以下，这类原料在进行沼气发酵时预处理，易被厌氧分解利用，且产气速度快，发酵周期较短。

富碳原料是指富含纤维素、半纤维素、果胶、难降解的木质素和植物蜡质等的化合物，含碳量高，其碳氮比多在 40∶1 以上。其中，木质素是一种很难被细菌分解利用的物质，纤维素的分解也比较慢，且富碳原料氧化比远高于沼气发酵适宜范围，进行沼气发酵难以分解。农作物秸秆是我国农村的另一大类发酵原料。这些物质的厌氧分解比粪便原料慢得多，发酵周期较长，干物质含量高，且比重小，入池还容易大量漂浮结壳，不能被充分分解利用。为了提高原料的产气速率和利用率，便于进料和出料，达到管理方便的目的，这类原料在发酵前一般需要预处理。当原料为风干粪、新鲜人粪、鲜禽粪、羊粪时，在入池前必须进行堆沤处理。

（三）农作物秸秆原料的预处理

1. 农作物秸秆经过铡草机铡至 1~3 cm 或粉碎

秸秆铡切或揉搓得越短越碎越好。玉米秸秆必须揉碎粉碎。最好用腐熟沼液湿润，边加水边搅拌，使部分木质素被破坏掉，提高纤维素和半纤维素的消化，增大接触面，产气率可提高 15%~20%。秸秆不能受农药、消毒液等污染，也不能用霉烂变质的秸秆。

2. 堆沤

堆沤的方法有两种：一种是池外堆沤。堆沤时，将原料加水充分浸泡（以料堆下部不出水为宜），保持其湿润，然后充分拌匀进行堆沤，并加盖塑料薄膜，以聚集热量和富集菌种。当堆内发热烫手时（50 ℃~60 ℃），要立即翻堆，把堆外的翻入堆内，并补充水分。待堆内颜色呈棕色或褐色，秸秆稍拉即断，无臭味，不结块，即可入池内发酵。另一种方法是池内堆沤。池内堆沤与池外堆沤相比，其能量和养分损失要少一些，而且可以利用堆沤时所产生的热量来升高池温。当发酵原料的料温上升到 50 ℃时（打开活动盖口塑料薄膜时有水蒸气），再加入接种物和水至零压线。秸秆的堆沤量和投池量要尽可能多，剩余堆沤好的秸秆可摊晒晾干后收藏，用于补料。

若以粉碎秸秆和牛粪混合为原料，可在堆沤前喷洒沼液；若完全使用秸秆，可加入秸秆发酵菌剂和碳铵等。一般夏季堆沤 3~4 天，春秋季 4~5 天，冬季加盖草苫保温堆沤 7 天以上。发酵好的原料 pH 值应控制在 6.8~7.5，为防止发酵后的原料 pH 值偏低，在发酵第一次翻堆时可加入适量的石灰或石膏，用量一般为干料的 0.5%~1.5%。

经过堆沤处理后的秸秆，在微生物的作用下，利用好氧代谢除去秸秆表面的蜡质，大分子化合物经细菌分解成小分子化合物，纤维素变得疏松，增大了接触面，产气速度和产气量都大幅度提高。秸秆原料含水量加大，入池后加速沉淀，降低了结壳现象。同时，堆沤产生的高温可杀死病菌和虫卵。

3. 原料配比

沼气发酵启动时的 C∶N 比值以（10~30）∶1 为宜，过大，发酵不宜启动，而且产气效果不好；过小，过量氮变成可溶性氨，导致氨中毒。可通过调整粪草的比例来调节碳氮比，如当以秸秆原料为主进行沼气发酵启动时，加入一定量人、畜粪便来调节碳氮比。接种物用量达 30%及以上时，可以不加粪便；接种物用量在 20%时，鲜粪与风干秸秆的比例应为 1∶1；接种物用量在 10%时，鲜粪与风干秸秆的比例应为 2∶1。以猪、牛粪为原料启动时加 20%的接种物；以鸡、人粪为发酵原料启动时加 30%的接种物。粪便不足时，可在沼气池内加入料液总量 0.10%~0.30%的碳酸氢铵或 0.03%~0.10%的尿素。首次投料时，接种物投放量不得少于沼气池有效容积的 20%；当接种物少于 20%时，也可对粪便原料进行预处理，(堆沤发酵）以加快启动速度。

沼气池的发酵浓度随季节变化（发酵温度）而不同。一般浓度范围为 6%~12%，夏季浓度以 6%~8%为宜，冬季浓度以 10%~12%为宜。第一次料液浓度一般为 6%以下，待产气正常后再逐渐加大浓度。料液浓度过高，产甲烷缓慢甚至停止；料液浓度过低，微生物营养不良，产气不旺盛。

(四）沼气发酵的启动

沼气发酵启动是指从进料开始，到能够正常且稳定产气的过程，包括以下步骤。

1. 投料

选择晴天将预处理的原料和准备好的接种物混合后投入池内，入池原料无需夯实，以松散为宜，进出口附近勿堆沤原料。如在大出料时将接种物留在了池内，将原料投入池内拌匀即可。在沼气池启动和发酵中，掌握适宜的料液浓度是很重要的，启动进料量过少，有效物质少，不易启动且产气时间短；进料量过多，不利于沼气细菌的活动，原料不易分解，产气慢而少。一般第一次加料为池容的 75%即可，最大投料量为池子容积的 85%。这是因为启动投料干物质浓度超标引发酸化趋势，需对沼气池进行调整，当采取继续投加接种液或是晒热的草木灰浸提液稀释等措施时，可避免清淘料液处理的难度。对于标准 8 m^3 的沼气池启动投料总量控制在 6000 kg 即可。

2. 加水封池

原料和接种物入池后，要及时加水封池，然后将池盖密封。加入沼气池的水可依次选用沼气发酵液、生活废水、河水或坑塘污水等；但不得使用含有毒性物质的工业废水。应尽可能地提高水温，如日晒增温或晴天中午取水。池内堆沤发酵时间不同，夏天 2~5 天，冬季 5~7 天。堆沤期间需经常观察料温。

3. 放气试火

沼气发酵启动初期，所产生的气体主要是酸化作用产生的二氧化碳和封池时混入的大量空气，气体中甲烷含量低，通常不能点燃。正常情况下，只要原料充足、接种物质量好，5~7 天即可产气使用。投料不足、未加接种物的沼气池，发酵启动缓慢，产生甲烷的时间稍长，可添加发酵原料和接种物，勤加搅拌，促使迅速启动和产气。当沼气压力表压力达到 4 kPa 以上时，应进行放气 1~2 天，池内沼气发酵微生物迅速增加，进入正常发酵阶段，所产沼气甲烷含量达到 30%以上。若点燃时火焰呈淡蓝色，透明，清晰，说明沼气发酵已经正常启动，以后即可常规使用。

三、秸秆大中型集中供气沼气工程

近年来，随着环保问题的日益突出及农村地区能源供应压力的增加，特别是秸秆焚烧问题、秸秆资源综合利用的发展及大中型沼气工程原料拓展的需要，秸秆沼气集中供气工程日益受到社会各界的普遍关注。由于过去大中型沼气工程主要以畜禽粪便为原料，其物料特性与秸秆有很大的差别，因此，开发适合秸秆发酵的沼气工程新技术就显得尤为必要。

（一）秸秆原料的预处理技术

发酵前对秸秆进行预处理，破坏秸秆的空间结构，使厌氧菌及酶更容易附着在纤维素和半纤维素上，有利于原料的酸化水解，提高后续发酵的产气量。同时，预处理可以增加原料的密度，有效抑制进料后原料上浮及结壳现象。

高效经济的预处理需要满足以下几个要求：第一，形成具有活性的纤维，以便酶的攻击；第二，避免破坏纤维素和半纤维素；第三，避免产生抑制水解酶和发酵微生物的物质；第四，对能源的需求降到最低；第五，降低原料的破碎费用；第六，降低预处理反应器的建设成本；第七，残留减少产生；第八，少消耗或不消耗化学药品，使用廉价的化学药品。

目前，中国秸秆沼气工程中原料的预处理主要有以下几种方法：

1. 物理方法

目前应用最多的是机械破碎。此方法对秸秆的沼气发酵效率提高有限，且过细的破碎耗能较大，因而该方法一般与其他处理方式结合使用。

2. 化学处理法

中国已运行的秸秆沼气工程主要使用氢氧化钠对秸秆进行处理。该方法在山东德州、黑龙江佳木斯、广西临桂以及河南洛阳等地的秸秆沼气工程中较为常见。碱可以溶解秸秆中的木质素，对秸秆的预处理效果较好。

3. 热处理法

目前，已经应用的主要是高压水蒸气爆破法，旨在破坏秸秆结构，提高秸秆利用率。

4. 生物法

利用微生物对秸秆进行预处理的方法主要包括以乳酸菌为核心的青贮方法、以降解木质素的白腐真菌为核心的绿秸灵复合菌剂处理法，以及利用沼液中的水解微生物堆沤秸秆法等。生物法处理成本较低，条件温和且无须专门的设备设施，处理效果较好，因而近年来备受关注。

（二）秸秆大中型沼气工程的设计与施工

建设大型秸秆沼气站，坚持“一站多供”的发展模式。选择村镇集中的住宅区，建设大中型秸秆沼气站，通过不断扩大供气户数，站内分批增设厌氧发酵罐，实现秸秆沼气站的滚动式发展。

建设大中型秸秆沼气站，将控制系统、输送系统、工艺系统、安全消防系统等先进技术装备，应用于秸秆沼气站设计建设中，并按现代企业管理模式，做好秸秆沼气站运营管理。秸秆沼气集中供气工程以秸秆为主要原料，利用厌氧发酵技术制取沼气，为农户提供炊事用能。以“一池三建”为基本建设内容，即建设沼气发酵池、原料预处理设施（包括沉淀、调节、计量、进出料、搅拌等装置）、沼气利用设施（包括沼气净化、贮存、输配和利用装置等）和沼肥利用设施（包括沼渣、沼液综合利用和进一步处理装置）。

（三）大中型沼气工程的运行与管理

1. 准备工作

（1）检查各处理构筑物和设施内的杂物是否清除干净。

（2）对厌氧消化器、贮气罐、脱硫设备、气水分离器、水封及阻火器等进行试水和气密性检验。

（3）检查各类管道、阀门和设备是否清理、疏通，并已处于备用状态。

（4）对水泵、电机、加热装置、搅拌装置、气体收集系统及其他附属设备等进行单机试车和联动试车。

（5）校正各种仪表。

（6）准备好充足的沼气发酵原料。

（7）制订启动调试方案、运行操作规程和相关管理规定，并对沼气工程的运行管理人员、操作人员、维修人员及安全管理人员进行专业技术培训。

（8）监控室及设施、设备附近的明显部位，张贴必要的工作图表、安全注意事项、操作规程和设备运转说明等。

2. 启动技术要点

（1）启动初始时，低浓度启动，逐渐增加浓度。

（2）每次进料要在预处理阶段高出系统运行温度 3℃~5 ℃。

（3）新料液 pH 调节到 6.5~7。

（4）每次进料量是沼气池内料液量的 5%~10%，进料量的多少由沼气池内料液 pH 高低来确定。

（5）每间隔 7~8 天进料一次，此阶段为启动的第一阶段。此后，逐渐缩短每次进料间隔，逐渐增加每次进料量，直至通过实践得出每天的最大进料量，并能满足沼气池正常运行。

（6）经常检测 pH、挥发酸、总碱度、温度、气压、产气量和沼气成分等。

（7）启动过程中应用氮气或沼气将厌氧消化器、输气管路及贮气罐内的空气置换出去。

3. 管理人员要求

（1）运行管理人员必须熟悉沼气工程工艺和设施、设备的运行要求与技术指标。

（2）操作人员必须熟悉本岗位设施、设备的运行要求和技术指标，并了解沼气工程工艺流程。

（3）操作人员应按时准确地填写运行记录，运行管理人员应定期检查原始记录。

（4）运行管理人员和操作人员应按工艺和管理规定巡视检查构筑物、设备、电器和仪表的运行情况。

4. 日常管护

（1）投料量和周期应按工艺设计参数进行，并在实践中摸索出最佳参数。

（2）维持相对稳定的厌氧消化温度。

（3）厌氧消化器的搅拌根据工艺要求进行。采用沼气搅拌的，在启动期间或产气量不足时，应辅以机械或泵等其他方式搅拌。

（4）厌氧消化器的搅拌不得与排泥同时进行。

（5）每日监测 pH、温度、气压、产气量和沼气成分等指标。掌握厌氧消化池的运行状况，根据监测数据及时调整运行方案，采取相应措施。

（6）厌氧消化器内的污泥浓度维持在 40%~60%为宜。污泥过多时，应进行排泥；过少时，可以从后沉淀池进行回流。

（7）厌氧消化器排泥前，应将厌氧消化器与贮气罐连通，避免系统或装置内形成负压。

（8）厌氧消化器溢流管必须保持畅通，并保持其规定的水封高度。

（9）沼气应充分利用。需排放的沼气应通过火炬燃烧后排入空气中。

（10）湿式贮气罐水封池内的水封液应满足设计要求。定期检查水封高度。

（11）输气管道内的冷凝水应定期排放，排水时应防止沼气泄漏。

（12）脱硫装置中脱硫剂应定期再生或更换，冬季气温低于 0 ℃时应采取防冻措施。

（13）发现运行异常时，应采取相应措施，及时上报并记录后果。若出现超出操作人员正常工作范围或不能解决的问题，应及时向主管部门汇报并组织维修，记录后果，以便分析查找原因。

5. 维护保养

（1）定期检查贮气罐、沼气管道及闸阀是否漏气。厌氧消化器体、各种管道及闸阀每年应进行一次检查和维修。

（2）厌氧消化器的各种加热设施应经常除垢、检修和维护。

（3）当采用热交换器加热时，管路和闸阀处的密封材料应定期更换。

（4）搅拌系统应定期检查维护。

（5）寒冷地区冬季应做好设备和管道的保温防冻；贮气罐、溢流管、防爆装置的水封应有防止结冰的措施。

（6）厌氧消化器、贮气罐应定期（每5年）清理、检修一次。

（7）湿式贮气罐的升降装置应经常检查，添加润滑油。

（8）沼气报警装置应每年检修一次。

第四节　秸秆沼气池的科学管理与利用

一、日常的沼气池使用与管理

常言道“三分建池，七分管理”，因此，加强沼气池日常科学管理，是确保正常产气的关键。在日常的沼气池使用与管理过程中要注意以下几点：

（1）沼气池进出料操作完成后都必须及时加盖，避免人畜不慎掉进沼气池。

（2）日常进出料管理，一般新池投料后1个月左右，应及时添加新鲜原料，采用先出料后进料，出多少进多少的原则。新建沼气池要尽快与猪圈、厕所连通，实现“三结合”模式，要坚持勤进料、勤出料，建议每日进行小进料、小出料。出料量不宜过多，要保证池内料液液面高于进出料口。至少做到3~5天小出料一次，每次150~250 kg料液，就近用肥。6~8个月后当气压反映出的产气量明显下降时，应每隔7~10天先出250~400 kg料液，补充等量粉碎秸秆原料（缓慢地冲入池内）。每天都有充足的新鲜原料流进沼气池，可保证沼气池均衡持久产气。同时，小进料、小出料使劳动强度降低，使沼气池日常管理变得轻松简单。若进料不及时，会使添加的原料和水混合不均衡，影响沼气池正常产气。

以秸秆为主要发酵原料的沼气池，由于池内结壳，发酵空间减少，每年必须进行一次大出料。待产气量满足不了使用后，应打开密封盖，采用人工或机械的方法，在池外安全取出浮渣，并抽取部分沼液施入农田，然后将堆沤好的秸秆入池使用。出料时，要留足发酵液，留待下次进料做接种物使用，出净秸秆残渣。每年的大换料时间最好在10月中旬或4月进行。出料要注意安全，及时进料启动。大出料后，做好沼气池的密封。将池盖内表面清洗干净，满刷两遍水泥净浆；活动盖上的蓄水池要始终有一定量的水，有利于保证池盖的密封性能，防止池盖因暴晒出现漏气现象。

（3）经常观察料液变化，判断发酵产气情况。沼气池发酵料液酸碱度可以直接反映沼气池发酵产气的好坏以及产生的原因。广泛采用pH试纸进行酸碱度检测，正常pH值在6.8~7.5，也可简单通过观察出料口料液颜色进行识别。

正常发酵的沼气池出料口料液呈酱油色，且液面泡沫丰富，这是属于发酵产气正常的状况，沼气池处于最佳运转状态。只要加强管理，勤进料，勤出料，勤搅拌，发酵产气可以长期保持旺盛。沼液略偏酸时，出料口料液呈绿黄色，出料口内翻沼渣，这类现象说明发酵浓度过大，长期未出料时，池内结壳，水分不足致料液偏酸。要停止进料，排出部分沼渣，增加适量的水分，建立定期出料，勤搅拌操作机制，或掏出部分原料以降低发酵浓度。如果出料口料液呈灰黑色、料液稀薄且表面有白膜，表明料液酸化，此现象反映沼气池发酵原料不足，发酵效果差，缺少接种物，产气少。要及时补充新鲜原料，加入适量的澄清石灰水或草木灰，补充更多接种物，不让雨水入池。

（4）经常观察气压表水柱变化，若发现上下波动时，要及时检查导气管、活动盖口、输气管道、开关、接头和压力表等处是否漏气、堵塞。若有这些情况，要及时修补更换，或排出集水瓶和管道中的积水。若沼气池气旺盛时，池内压力过大，要立即用气或安全放气，以防胀坏气箱，造成事故。

（5）勤搅拌回流。使用2~3个月后，气压下降时，就要进行搅拌。搅拌回流可打破分层现象，加快厌氧消化速度，提高沼气产气率，是保障产气效率的关键措施。搅拌不仅能使沼气池内发酵原料和发酵菌分布均匀，厌氧细菌能充分接触发酵原料，及时补充新鲜营养，使其迅速生长繁殖，提高产气率，还可以打破上层结壳，使中、下层所产生的附着在发酵原料上的沼气，由小气泡聚积成大气泡，并上升到气箱内，还可以使沼气池内的发酵温度保持均衡。

搅动可用长柄的粪勺或其他工具从沼气池进料管伸入发酵间，来回拉动数十次，搅拌池内的发酵液也可用人工或机械的方法从出料间舀出沼液，向进料口投入，使粪液流动，起到搅拌作用。一般每隔5~7天搅拌1次，每次搅拌30 min，可对控制池内结壳、提高产气率起到非常好的作用。注意用气时不宜搅拌。

（6）破结壳。沼气池内料液严重结壳，即进出料管口大量翻气泡时，需要揭开天窗口（活动盖），打破结壳层。

（7）严禁投入农药、电石、肥皂水等对沼气微生物活动有抑制和杀灭作用的物质。进料前要将原料中的砂石、废弃塑料袋膜等易使沼气池进出料口堵塞的物品清除掉。

（8）保温、增温措施。温度是影响沼气池产气率的重要因素，因此，在冬季必须采取保温、增温措施，用塑料日光温室及池体上加盖秸秆杂草等提高池温，或在沼气池和池盖上面堆集或堆沤热性作物秸秆（稻草、糜草等）和热性粪便（马、驴、羊粪等），堆沤的粪便要加湿覆膜。

（9）注意沼气池的保养。在天气炎热的季节，新建沼气池要用水连续养护 20 天以上，在混凝土达到设计强度后才能进料。沼气池不能空置太久，否则会损坏池体。大换料前，必须先收集大量发酵原料，并留存足够的发酵接种物，确保沼气池能够迅速恢复正常运转，避免空池暴晒、风干，以防沼气池产生干裂。暂时无料，就进半池水。沼气池活动盖破损后，必须及时维修或更换以保障沼气池密封性。

二、秸秆户用沼气工程的维护与管理

（1）沼气池进出料后都必须及时加盖避免人畜不慎掉进沼气池。

（2）日常进料管理，新建沼气池要尽快与猪圈、厕所连通，使每天都有充足的新鲜原料流进沼气池。否则，花费劳力从远处运输原料进池，劳动强度大，且进料不及时，造成添加的原料和水混合不均衡，影响沼气池正常产气。

（3）勤出料至少做到 3~5 天小出料一次，坚持先出后进，出多少进多少的原则，保证贮气室的空间相对稳定，产气均衡。进出料后要始终保持液面达到正常水位，防止沼气因水位低从进料管溢出。

（4）经常观察气压表。若发现气压表上下波动时，要及时检查导气管、活动盖口、输气管道、开关、接头和压力表等处是否漏气、堵塞。

（5）勤搅拌回流。搅拌回流是提高沼气产气率的主要措施，不仅可破除池内浮壳，而且可改善池内发酵微生物与发酵原料的接触状态，及时补充新鲜营养。

（6）破结壳。沼气池内料液严重结壳，即进出料管口大量翻气泡时，需要揭开天窗口（活动盖），打破结壳层。

（7）保温增温措施。温度是影响沼气池产气率的重要因素，因此，在冬季必须采取保温增温措施，用塑料日光温室及池体上加盖秸秆杂草等提高池温，增加产气量。

第五节　沼渣、沼液的综合利用

农作物秸秆生产沼气后，产生的沼液和沼渣统称为沼肥，是秸秆经过沼气池厌氧发酵的产物，可作为优质有机肥料应用于农业生产。沼液中含有丰富的氮、磷、钾、钠、等营养元素。水稻、小麦、油菜等农作物一般每亩可将沼渣和沼液接适配比例混合后，施用 1000~1500 kg 作为底肥。

一、沼渣的主要用途

沼渣是由部分未分解的原料和新生的微生物菌体组成，含有机质、腐殖酸、微量营养元素、多种氨基酸、酶类和有益微生物，质地疏松、保墒性能佳、酸碱度适中，对改良土壤有着重要作用；氮、磷、钾等元素可满足作物生长需要；未腐熟分解的原料和新生的微生物菌体施入农田继续发酵，也可释放养分。沼渣在综合利用过程中，具有速效、迟效两种功能，可做基肥和追肥。减少了化肥、农药的施用量，降低了成本，可有效地提高农作物的产量和品质。沼渣主要用于农作物生产或苗木生产的基肥，还可用于生产食用菌、养鱼、养蚯蚓等，沼渣、沼液还可广泛用作加工生产高效有机肥和饲料生物添加剂的原料。

（一）沼肥（包括沼渣、沼液）养鱼

沼肥是一种中性偏碱并含有大量速效氮、磷、钾、氨基酸和多种微量元素的高效液体营养物质。沼肥施入鱼塘，成为浮游生物丰富的食物来源，促使浮游生物大量繁殖生长，丰富滤食性鱼类饵料。沼肥养鱼有利于改善鱼塘生态环境。沼肥养鱼可增产12%，提高优质鱼比例。沼肥施入鱼塘，不再发酵，降低池塘水体溶解氧的消耗，同时增加浮游生物量，可提高鱼的成活率，也可消除虫卵和病菌，减少鱼病的危害。用沼肥在稻田养鱼，鱼养稻，粮食增产，鱼丰收。沼肥主要适应养殖鲫鱼、草鱼、鲤鱼。利用沼肥养鱼不但可节省饵料，而且可使鲜鱼产量明显提高。

（二）沼渣栽培蘑菇

沼渣富含营养物质且养分全面，质地疏松、透气性佳、酸碱度适中。沼渣中的有机质、腐殖酸、粗蛋白、氮、磷、钾以及各种矿物质，能够满足蘑菇生产的要求，是人工栽培食用菌的优质培养料。沼渣作为蘑菇培养料具有很多优点，沼渣已经过厌氧发酵，培育蘑菇时杂菇少；沼肥含有丰富的氮、磷、钾和微量元素，养分丰富而全面；管理方便，节省劳力；用沼渣做育菇原料，可增加原料来源，降低成本，提高产量，且一、二级菇比例高。

（三）沼渣养蚯蚓

蚯蚓适宜生活在pH值6.5~8的环境中生活。经过3~4个月发酵产气的沼渣，pH值正适合蚯蚓居住摄食，新鲜的饵料不是偏酸，或偏碱，易引起蚯蚓的逃亡。蚯蚓进入沼渣饵料比进入单一的鲜猪粪饵料中活跃度更高。

（四）沼肥种果树

由于沼肥腐熟程度高，施用沼肥，不仅能显著地改良土壤，优化果树生长所需的微生物环境，还有利于增强果蔬抗冻、抗旱能力，减少病虫危害。果树使用沼肥，可提高坐果率、增加产量、提高果品质量、增加果色、提高果形商品价值，减轻病虫害，降低成本，经济效益显著，是发展无公害果树生产的一条有效途径。施用沼渣时，一般应结合果树长

势确定施肥量和操作方法，长势差的应重施，长势好的应轻施。施用沼肥的苹果树，其新梢发得早、壮、齐，叶片厚、绿，落花落果少，且果实个大、均匀，味鲜、甜，外观色泽好，耐贮运。

二、沼液的主要用途

（一）沼液浸种

沼液浸种就是将农作物的种子放在沼液中浸泡后再播种。沼液中富含多种生物活性物质，如氨基酸、微量元素、植物生长刺激素、B族维生素及多种活性、抗性和营养性物质。利用沼液浸种具有明显的催芽、壮苗和增产作用，而且沼气池出料间的料液温度一般稳定在8 ℃~16 ℃，pH值处于7.2~7.6，有利于种子新陈代谢。经沼液浸种后，出芽率高，幼苗生长旺盛，根系发达，可提高秧苗素质，增强秧苗抗寒、抗旱及抗病虫害等抗逆能力。

（二）浸种时间

由于农作物品种、地区、墒情、温度不同，主要农作物种子的浸种时间如下，以供参考。

第一，水稻。常规稻种浸种流程未：先在沼液中需浸足36 h，随后清洗干净，再用清水浸种，气温低时需浸足72 h，气温高时，浸足48 h即可，然后在清水中淘洗干净，按常规方法催芽、播种；杂交稻种应采用间隙浸种、日浸夜露方式，即在沼液中浸6~8 h，露4~6 h，如此循环操作在沼液浸种时长不低于36 h。

第二，小麦。一般浸种24 h。

第三，玉米。一般浸种4~6 h，然后用清水洗净晾干即可播种。

第四，油菜。一般不超过12 h。

第五，大麦。将沼液稀释3倍后浸种12 h，然后用清水洗净晾干即可播种。

第六，西瓜。一般浸种12~24 h，浸种过程中搅拌1次。浸种结束后，在清水中反复轻搓，洗去表面黏物以防腐烂，然后保温催芽、播种。

第七，马铃薯、甘薯。一般浸种4 h左右。

第八，烟籽。浸种3 h。

第九，瓜类、豆类。浸种2~4 h。

第十，花生。浸种4~6 h。

此外，在浸种过程中还应注意以下几点。

第一，浸种沼液的选择。选择正常运行且产气使用1~2个月以上的沼气池出料间的沼液，沼液呈深褐色，无臭气味，酸碱度呈中性微碱（pH=7~7.6）。废池、死池及不产气的病池沼液不可用来浸种。

第二，浸种时间随地区、品种、温度的不同，存在差别，但浸种时间不可过长，以种子吸足水分为好。

第三，包衣种一般不宜浸种。

第四，应选用上年或上季生产的新种良种，浸种前对种子进行翻晒 1~2 天，并对种子进行清杂和筛选，以确保种子的纯度和质量。

（三）沼液喷洒

沼液富含氮、磷、钾等多种作物所需的营养物质，适宜做根外施肥，在某些情境下效果由于化肥。沼液喷施在作物生长季节都能进行，特别是当农作物以及果树进入花期、孕穗期、灌浆期和果实膨大期，喷施效果明显。对水稻、麦类、果树都有增产作用。叶面喷施沼液，可以尽快为农作物补充营养，满足生长需要的光合作用。施用于果树，果实增重快，光泽度好，成熟一致，提高果品。沼肥在果树生产上的应用效果非常显著，是解决无公害苹果生产所需高效有机肥源的最佳途径。

叶面喷施的沼液要从正常产气 1 个月以上的沼气池中取出，澄清、纱布过滤。在作物生长期间，春、秋、冬季上午露水干后（约 10 时）进行，夏季傍晚为好，中午高温及暴雨前不要喷施。按每 7~10 天一次频率施用。在果树生长期都用沼液做叶面追肥，应将沼液过滤，用清水稀释 1~2 倍后再施用，浓度一般控制在 35%~50%，以防浓度过高而烧伤叶片。幼苗、嫩叶期 1 份沼液加 1~2 份清水；夏季高温，1 份沼液加 1 份清水，若气温较低，又是老叶时，可不必加水。喷施沼液时侧重叶背面，因叶面角质层厚，而叶背布满小气孔，有利于吸收。如果喷施果树，可在沼液中加入 0.1%的尿素；对于幼年树或挂果少的果树，可在沼液中加入 0.2%~0.5%的磷钾肥，以促进下年花芽的形成、果实的膨大。每隔 7~10 天喷施 1 次，可多次喷施。沼液既可单施，也可与化肥、农药、生长剂等混合施。在虫害较多的时期，将沼液过滤后喷施，可有效控制虫害。

三、沼肥的施用注意事项

（一）忌出池后立即施用

沼肥的还原性强，出池后的沼肥若立即施用，会与作物争夺土壤中的氧气，影响种子发芽和根系发育，导致作物叶片发黄、萎蔫。因此，沼肥出池后，一般先在贮粪池中存放 5~7 天后施用；若与磷肥按 10∶1 的比例混合堆沤 5~7 天后施用，则效果更佳。

（二）忌不兑水直接追施

沼肥不兑水直接施在作物上，尤其是幼苗期追施，易造成作物叶片或根系出现灼伤现象。沼肥做追肥时，要先兑水，一般兑水量为沼液的 50%左右。

（三）忌表土洒施

沼肥施于旱地作物宜采用穴施、沟施，然后盖土。施用于水田应在耕翻前均匀撒施田面，然后用犁翻入底层。

（四）忌过量施用

施用沼肥需控制用量，一般要少于普通猪粪肥。若盲目大量施用，则会导致作物徒长，行间郁蔽，造成减产。沼肥忌与草木灰、石灰等碱性肥料混施，否则会造成氮肥损失，降低肥效。

第七章 秸秆能源化的其他技术

第一节 秸秆固化成型技术

秸秆固化成型技术是提高秸秆能源密度、改善秸秆燃烧特性的重要途径，秸秆固化成型燃料燃烧效率高、用途广，既可作为农村居民的炊事、取暖、农业畜禽养殖、种植暖房的燃料，也可作为城镇集中供热取暖的燃料。

一、概述

生物质固化成型燃料技术，就是在一定温度和压力作用下，利用木质素充当黏合剂，将松散的秸秆、树枝和木屑等农林生物质压缩成棒状、块状或颗粒状等成型燃料。压缩后的成型燃料体积缩小6~8倍，密度为0.8~1.4 g/cm^3，提高了运输和储存能力；热值（14630~16720）J/kg，能源密度相当于中质烟煤（基准煤种）；燃烧时CO_2零排放，挥发分含量通常在60%~70%，远大于煤，故其点火性能和燃烧性能都优于煤，属于高活性燃料；碳含量集中在35%~42%，远小于煤，这使其热值低于煤；N含量为0.5%~3%，S含量仅为0.1%~0.5%，燃烧时NO_2排放量仅为燃煤的1/5，SO_2的排放量仅为燃煤的1/10，对环境的污染小，燃烧特性明显得到改善，提高了利用效率。成型后的棒状固体燃料还可经深加工制成机制木炭，与传统木炭相比具有形状规则、强度高、孔隙多、易燃耐烧、无污染等优点。

因此，生物质固化成型燃料技术是实现生物质高效、洁净利用的有效途径之一，可为农村居民提供炊事、取暖等生活用能，也可以作为工业锅炉和电厂的燃料，替代煤等化石能源，越来越受到人们的广泛关注。

二、秸秆固化成型原理

植物细胞中含有纤维素、半纤维素和木质素。虽然不同的植物其组成成分不同，但纤维素、半纤维素和木质素是植物体的主要成分，通常占植物体成分的2/3以上。其中纤维素的含量在木材中为40%~55%，在禾本科植物的茎秆中占40%~50%；木素的含量在木材中达25%以上，在禾本类中占有14%~25%。

木质素是一类以苯丙烷单体为骨架，具有网状结构的无定型高分子化合物。当温度达70℃~110 ℃时，软化黏合力开始增加；在200 ℃~300 ℃时，软化程度加剧而达到液化，此时加以一定压力，可使其与纤维素紧密黏结，同时与邻近的秸秆颗粒互相交接。这样经过一定形状的成型孔、眼，可以形成具有固定形状的压缩成型棒、粒燃料。

三、秸秆压缩成型工艺

户用秸秆压缩成型工艺多种多样，根据成型工艺之间的差异，可大致划分为常温压缩成型、热压成型、预热成型和炭化成型。

（一）常温压缩成型工艺

该工艺采用的是15~35 MPa的压力，在密闭模具下加压成型，成型后的块状秸秆含水率在10%~25%，块密度为0.6~1.2 g/cm^3，秸秆原料在数日的常温水解条件下，其中的纤维素、半纤维素，变得柔软或者成为小分子化合物，在成型工艺中起到黏合剂的作用，从而达到块状结构的效果。

户用秸秆燃料常温压缩成型工艺在农村秸秆资源的应用中前景非常广阔，既经济又方便，借助简单的杠杆和密闭模具就可以生产型块。相比较而言，热压和预热工艺虽然优点很多，但也存在设备复杂、操作和维护不易、占地较大以及投资较大。因此，在农村地区大力推广常温压缩成型工艺具有重要意义。

（二）热压成型工艺

热压成型是指在加压成型的同时，给予模型外部适宜的温度，使破碎物料在受压时受热。适宜的温度不仅能够使物料内部的木质素软化、熔融成为黏合剂，而且能够使型块表面炭化，从而与模具脱离。热压成型工艺要求物料在模具内停留足够的时间，保证传热以达到更好的效果。

热压成型是国内外普遍研究和应用的成型工艺，主要工艺参数是温度、压力和物料在成型模具内的滞留时间。该工艺的主要特点是物料在模具内被挤压的同时，需对模具进行外部加热，将热量传递给物料，使物料受热而提高温度。

对生物质物料施加压力的主要目的是：①使物料原来的物相结构破坏，组成新的物相结构；②加固分子间的凝聚力，使物料变得致密均实，以增强成型块的强度和刚度；③为物料在模内成型及推进提供动力。

成型物料在模具内所受的压应力随时间的增加而逐渐减小，因此，必须有一定的滞留时间，以保证应力充分松弛，防止挤压出模后产生过度膨胀。另外，也使物料有充足的时间进行热交换。此外，挤压时物料的含水率和颗粒度对成型影响也较大。含水率过高，挤压过程中物料的水分受热蒸发，水蒸气通过成型筒迅速排放，导致失败。

不同种类的生物质中木质素和纤维素含量及物料的形状等都不相同。因此，成型时对温度和压力参数值的要求也不一样。即使同一种生物质，形态相似而含水率和颗粒度不同，则成型时所需温度和压力等也不相同。实践证明，温度和压力选得过高和过低都会导致成型失败。温度选得过低则生物质中的木质素未能塑化变黏，物料不能黏结成型；反之，如温度选得过高，则成型燃料的表面出现裂纹，严重时成型块一出口就变成了“散花”。此外，若施加压力过小，则会使成型燃料无法黏结，而且也无法克服摩擦阻力，因而无法成型。若施加压力过大，则会使成型燃料在模具内滞留时间缩短，使生物质物料加温不足而无法成型。总之，热压成型工艺参数难以有效控制。

除了工艺参数难以控制外，该工艺的设备也存在一定的技术难题。热压成型设备的螺杆、柱塞和套筒等关键部件在经受高压的同时还受到高温的影响，在高温高压和原料颗粒的摩擦作用下磨损十分严重。尤其是螺杆热压成型，当挤压螺杆的压缩段磨损到一定程度时，成型机便不能正常工作。这是目前国内研制的螺杆热压成型机不能推广应用的主要原因。国内有关单位在螺杆的制造材料上进行了许多研究，如采用合金钢制造及局部热处理方法，也采用炭化钨焊条堆焊和局部渗硼处理方法，但螺杆的使用寿命仍只有 80~200 h。也有试验采用陶瓷材料制造螺杆，或在金属螺杆的压缩段喷涂非金属材料（包括陶瓷材料）的，但在工艺上均存在一定的难度，推广应用上也存在问题。因此，如何解决这一设备缺陷直接影响该技术能否顺利推广。

（三）预热成型工艺

预热成型工艺，顾名思义，即原料在进入成型设备之前要进行预热处理，目的是使物料内的木质素受热转化为内在黏合剂，同时降低在成型过程中物料与模具的摩擦力和所需压力。预热处理还能够大大延长成型设备的寿命，降低单位产品的能耗。将预热工艺与传统工艺对比得出，预热成型工艺的整个系统能耗下降了 40.2%，成型部件的寿命提升至原来的 2.5 倍。

具体流程：物料先由切碎机初切碎，经振动筛分选，细碎物料直接输送到预热器预热，而粒度较粗部分，由螺旋喂料器输送到原料粉碎器进行二次粉碎，然后将粒度符合要求的物料输送到预热器，采用油加热方法预热物料。当温度达到设计要求后，物料被送入压缩成型机的预压腔预压，最后由压缩成型机压缩成型，经冷却输送器冷却后输出。该工艺流程将生物质加热与挤压成型分离，能克服热压成型工艺中参数难以有效控制的缺陷，避免压缩成型关键部件严重磨损的现象。

（四）炭化成型工艺

炭化成型工艺根据炭化和成型的先后顺序分为先炭化后成型和先成型后炭化两种形式。先炭化后成型工艺的基本特征是：首先把秸秆原料炭化或部分炭化，然后进入成型设备压缩成型。秸秆原料在高温炭化过程中，释放出一部分挥发分，使压缩性能得到改善，明显降低了成型设备的机械磨损和压缩过程的功率消耗；但炭化原料压缩成型后力学强度较差，在运输、储存和使用过程中易破碎。因此，一般炭化成型工艺需要加入一定量黏合剂，提高成型型块的耐久性，否则需要较高的成型压力来保证成型型块的使用性能。先成型后炭化工艺的基本特征是：首先把秸秆原料压缩成具有一定密度和形状的型块，然后在高温条件下使型块发生热裂解转化为木炭。

1. 炭化原理

炭化是在隔绝空气或者氧气的条件下，将生物质在 400 ℃~600 ℃下加热，得到气体、液体、固体等产物的技术。生物质炭化过程本质上属于生物质热解的一种过程。我们可以将生物质热解过程划分为以下四个阶段：

（1）干燥阶段。

一般地，生物质中的水分在达到 100 ℃之后就会大量蒸发，但部分与生物质中一些化合物组成的聚合水分子，会在稍微高的温度下蒸发散失。因此，该阶段温度一般为 120℃~150 ℃，期间生物质的热解速度非常慢，主要为外界提供的热量使所含水分蒸发。

（2）预炭化阶段。

该阶段温度一般为 150℃~275 ℃。在这样的温度下，如果生物质接触氧气则必将发生燃烧反应。由于隔绝氧气，生物质会在该温度段的加热下，开始出现比较明显的热分解。生物质中的化学成分开始发生变化，其中一部分不稳定成分（如半纤维素、木质素）开始发生分解，产生二氧化碳、一氧化碳以及少量的醋酸等物质。上述的两个阶段会消耗大量的热能，因此，需要外界提供热能保证反应进行，属于吸热反应阶段。

（3）炭化阶段。

该阶段的温度一般为 275℃~450 ℃，生物质在该温度区间热解反应十分剧烈，并伴随有大量的甲烷、一氧化碳、二氧化碳、醋酸、焦油产生。这一阶段是生物质炭化的核心阶段，也是生物质成碳的关键阶段。理论上，该阶段不需要外界提供热量，并且放出大量的反应热能，属于放热反应阶段。

（4）煅烧阶段。

该阶段的温度为 450℃~550 ℃，在外界供给热能和内部反应放热的共同作用下，热能对成型的木炭进行煅烧，排除残留在木炭中的各种杂质，提高木炭的含碳率。也是在这个阶段木炭内部发生变化，开始形成多孔介质，炭化比表面积开始增大。

2. 炭化设备

依据考古发现及史料记载，我国烧炭历史有 2200 多年。在长沙马王堆出土的西汉墓穴中，经常能发现里面有厚达 30~40 mm 的木炭层，总重大约超过了 5000 t。这充分说明了早在公元前 200 多年，我国就已经开始尝试生产木炭。诗人白居易有一首叙事性古诗《卖炭翁》：“卖炭翁，卖炭翁，伐薪烧炭南山中。”也说明早在 1 300 多年前的唐朝，烧炭已经成为当时的一项常见生产技能。当今社会，人们对于炭化设备的研究从未停止过。

总的来说，炭化设备分为以下几个种类：

（1）炭窑。

用炭窑烧炭是一种最简单的生物质热解炭化方法，采用建窑取炭法。炭窑由炭化室、烟道、燃烧室和排烟部分组成。这种方法得炭率为25%左右，且周期非常长，一般为3~7天。现阶段可以通过鼓风加温等手段缩短一定的炭化周期。炭窑熄火方式不同，烧炭所得结果也不同。使用窑外熄火的方式能够得到白炭，而采取闷窑熄火的方式得到的则为黑炭。通常情况下，林木、薪炭材的炭化采用炭窑烧炭，而秸秆炭化有时候也会用到此法。

（2）果壳炭化炉。

顾名思义，果壳炭化炉的炭化对象一般为农产品中剩余的果壳、果核等体积小、质量轻的细碎原材料，有时也能炭化部分农业生产中采摘剩余的秸秆、藤蔓。一般来说，将原材料经过风选，送至炭化炉顶部的加料槽里，通过预热室、炭化室和冷却室三个部分从卸料室出料。这种炭化器材一般得炭率为25%~30%，炭化周期较短，为4~5小时。得到的炭化产物灰分少、挥发分较多。

（3）移动式炭化炉。

这种炭化炉的设计就是为了解决炭窑烧炭时劳动强度大、受季节影响等问题。一般使用2 mm的钢板焊接，由顶盖、炉上体和下体连接而组成。得炭率也为25%左右，炭化周期24小时。

（4）自燃式炭化炉。

利用自燃方式直接产生定型木炭的技术，特别适用于农林秸秆及其剩余物的生物质转化。其既结合了传统工艺的生产方式，又采用了现代机械制造技术，整个系统无气压，动力无高压，并设有自动保护和接地装置来确保安全。

四、秸秆压缩成型设备

根据成型原理的不同，压缩成型机可分为以下几种类型：

（一）冲压式活塞压块机

其产品是压缩块，生物质原料的成型是靠活塞的往复运动实现，其进料、压缩和出料过程均是间歇性，即活塞每工作一次可以形成一个压缩块。在压缩管内成型块相互挤压但界限清晰，当生物质压块燃料从压缩管的出口处被挤出时，在自重的作用下能自行分离。此类压块机按驱动动力分为两类：一类是由发动机或电动机通过机械传动驱动的机械驱动活塞压块机；另一类是由液压机构驱动的液压驱动活塞压块机。

相比螺杆挤压式成型机，冲压式成型机采用间断的工作方式，降低了机械部件的磨损程度，减少了生产的能耗。但由于在该种成型部件与原料的作用方式下机械瞬间振动荷载较大，给机器的稳定运行带来不便，且噪声较大。

（二）螺旋压块成型机

此类压块机是较早被研制开发，也是当前各地推广应用较为普遍的一种机型。

根据挤压过程温度的不同，可以将螺旋压块成型机分为加热式和不加热式两种。两种成型机的区别在于原料的预处理上。不加热式成型机的物料在预处理过程中需要加入黏合剂，然后再进入螺杆式加压成型机，在螺杆输送过程中加压应力逐渐加大，在模具出口处达到最大，挤压成型。成型原料连续地由成型机出口处挤出。加热式成型机需要添加加热装置，在挤压成型过程利用物料热分解后具有的黏性挤压成型。这类成型机技术成熟、运行稳定、可连续生产，但存在机械部件磨损严重、产品能耗较高的缺点。

（三）压辊式成型机

其产品是压缩粒。一种是平板模造粒机，模具上有 4~6 个滚子，滚子轮轴做圆周运动。原料在滚子与膜板间受挤压，多数原料被挤入膜板孔中。切割刀将模板孔中挤出的压缩条按需要长度切割成粒。另一种是环板模造粒机，其结构较简单，工作时模板与滚子的磨损较少，故消耗能量也较低。

压辊式成型机成型条件的选择和确定尚未形成系统规范，挤压成型的影响因素较多，包括压力、温度、加压时间以及原料的物理特性等，主要参考生产企业的经验，该技术仍处于起步阶段。

五、影响秸秆成型的因素

秸秆成型的影响因素可以分为预处理因素、成型过程因素。预处理因素包括秸秆的粉碎粒径和含水率。成型过程因素包括成型压强、成型模具和成型温度。

（一）预处理因素

秸秆原料在成型前需要进行粉碎处理。粉碎粒径的大小、均匀程度是衡量物料粉碎程度的指标。

在低压条件下，粉碎秸秆和切断秸秆的切断长度对压缩能无明显影响，但切断秸秆耗能较高，其型块松弛密度较小，两者在低压条件下均不能形成牢固型块，在压力相同的条件下，粉碎粒径越细越好，成型型块密度越大，型块越紧密。但也不宜过细，过细原料降低了型块的抗变形能力。

成型过程中需要秸秆原料保持适当的含水率，过高或过低的含水率都会影响压缩成型的效果。秸秆原料含水率太高会影响物质间热量的传递，并增大物料间以及物料与模具间的摩擦力；含水率太低会造成较大的烟尘且使型块黏合性降低。在压力一定时，物料的含水率在适宜范围内越高，压缩密度越大。在松弛密度一定的条件下，物料的含水率、适宜范围内越高所需成型压力越大。

（二）成型过程因素

成型压力是秸秆原料成型的推动力，成型压力能够破坏物料原本的物相结构，增加分子间的凝聚力，使成型燃料型块更加密实。压缩过程分为两个阶段：一个是惯性阶段，即松散状态物料密实的过程；另一个是弹性阶段，即物料颗粒间黏合的过程。

成型物料和成型模具一定时，成型压力随压缩密度的增加而增大，当压缩密度达到一定值后，成型压力随压缩密度的增大不断呈指数级增加。

成型模具是成型设备重要的组成部分，模具的形状、大小决定了成型燃料型块的形状、密度。成型模具形状、物料和成型密度一定时，成型模具尺寸越小所需成型压力越大。模具尺寸越小，导致秸秆在压缩过程中容易出现交错和折叠的现象，增大了压缩阻力。但模具尺寸太大，给使用带来不便，且成型型块出模后膨胀较大。

成型温度不仅可以加速秸秆中木质素、纤维素的软化过程，还可以缩短黏合剂的黏合时间，增加物料流动性，引起永久塑性变形。成型温度无须外界加热也会升高，在物料压缩挤压过程中，物料之间和物料与模具之间摩擦生热，使模具快速升温。成型温度与燃料型块的耐久度密切相关，较高温度压缩成型可以延长型块贮存时间。

六、生物质固体成型技术工艺评价

螺旋挤压式成型主要用于生产直径为 50~70 mm 的棒状实心成型燃料，适用于农村居民炊事和取暖等生活用能，可在配套炉具中燃烧使用，也可用于传统的家用柴灶和炕。螺旋常温成型、螺旋湿压成型技术在工作过程中均无须加热，仅依靠成型机具工作部件进行压缩，因而所需压力较大，且能耗较高。螺旋湿压成型机最主要的缺点是螺旋头和模具的磨损严重，维修费用高，成型燃料密度较低。螺旋热压式成型是最早研制生产的生物质成型燃料技术。成型机以运行平稳、生产连续等特性在市场中一直占据着主导地位。但制约其发展的主要有两个问题：一是成型部件易磨损，尤其是螺杆磨，使用寿命短；二是单位产品能耗高，生产率相对较低，成型过程对物料含水率要求高。因为原料水分过高时，成型过程中原料水分会快速汽化，造成“放炮”现象和成型燃料的开裂。另外，对原料颗粒大小也有严格要求，因此，成型工艺不好掌握。

柱塞冲压式成型不用加热，主要用于生产燃料棒或燃料块，允许原料含水率达 20%左右，粒度范围也相对较广，生产成本较低。这种成型技术明显改善了成型设备核心部件磨损严重的现象，使其使用寿命有所提高，单位产品能耗也有所下降。但是，柱塞成型燃料密度稍低，容易松散。柱塞冲压式成型设备存在较大的振动负荷，所以，一方面造成机器运行稳定性差；另一方面导致噪声较大，且存在润滑油污染较严重等问题。

模辊挤压式成型主要用于农作物秸秆、木屑的加工，生产颗粒成型燃料，颗粒直径为 5~12 mm，长度为 12~30 mm，一般无须加热。压辊式成型可以实现自然含水率生物质不用任何添加剂、黏合剂的常温压缩成型；成型过程中也可根据原料状况添加少量黏合剂，对原料的含水率要求较宽，一般在 10%~40%均能很好地成型。生物质原料颗粒度对内压成型效果有很大的影响。原料粒度较大时，辊压成型机难以高效工作，能耗大，产量小。但一般来说，40 mm 以下的颗粒度均可适配成型，2~40 mm 粒度是秸秆类、木质类生物质辊压成型的最佳参数区间。另外，辊压成型还具有生产率较高的特点。但是，辊压成型生产技术和设备成本要求相对较高，成型设备的核心部件——模具制造工艺复杂，使用成本较高，模具磨损严重、寿命短等，国内的辊压成型模具寿命一般低于 1000 h，因此，在一定程度上影响了规模化利用和商业化推广。农业农村部规划设计研究院研发了生物质固体成型燃料加工工艺与成套设备，根据产品检测报告，研发的生物质固体成型燃料成套设备生产率≥2.0 t/h，成型率≥95%，颗粒密度 1.0~1.2 g/cm^3。利用该技术工艺方案，北京市大兴区建成了年产 1 万吨的秸秆固体成型燃料生产线并投产运行。

七、生物质固体成型燃料的应用

生物质固体成型燃料在家庭、小型工厂、农村炉具以及集中供热锅炉领域应用前景广阔。居民家用的生物质颗粒成型燃料（以木质颗粒燃料为主）及配套的高效燃烧设备已经非常普及，成型燃料现已通过袋装上市销售，成为许多家庭首选的生活用能。家庭式供热锅炉的热效率可达 80%，住宅区、学校等较大面积的供热系统中使用的高效节能燃烧锅炉，其热效率可达到 90%以上。

经过固化成型后的秸秆燃料具有燃烧时间长、燃烧充分、便于运输与贮藏、清洁卫生等优点，并且该技术对设备要求低，可普遍采用现用的普通户用节能灶，操作简单、成本低，十分适宜在农村地区推广，具有良好的发展前景。

（一）农村居民生活用能

户用秸秆燃料成型技术对新农村建设意义重大，即可满足农民自身用能需要，又可以助力建立成型燃料市场，解决区域供暖供热问题，还能缓解露天焚烧秸秆带来的严重的环境污染问题。

生物质固体成型燃料可为农村居民提供炊事、取暖用能，也可作为农产品加工业（粮食烘干、蔬菜、烟叶等）、设施农业（温室）、养殖业等不同规模的区域供热燃料，还可作为工业锅炉和电厂的燃料，替代煤等化石能源。

根据用途，生物质固体成型燃料炉具可分为炊事炉、采暖炉和炊事、采暖两用炉；根据使用燃料规格，可分为颗粒炉和棒状炉；根据进料方式，可分为自动进料炉和手动炉；根据燃烧方式，可分为燃烧炉、半气化炉和气化炉。

生物质炊事炉主要用于家庭做饭，采用上吸式气化技术（逆流式气化），助燃风从灰室的炉栅处吸入，自下而上通过燃烧层，燃料从炉口顶部一次性加入炉膛，也可边燃烧边添料。在炉膛内沿气化高度，生物质气化过程主要分为三层，即热分解层、还原层、氧化层。

炉具为圆形，高 450 mm，上口直径 ϕ285 mm，下口直径 ϕ260 mm，重量 12 kg。其特点是炉具采用胀压成型工艺，流水线生产。造型美观，重量轻，炉具采用钢板双面、双层搪瓷。只要不人为损坏搪瓷、炉壳，使用寿命长。炉具配3W微型风机，为保证用电安全，插座上装有微型变压器，变220V电压为12V，以保证用电安全。烟囱只要求直径60 mm、高度1 m即可，有动力供风，烟囱只用来排放燃烧后的废气。

（二）生物质成型燃料集中供热技术

燃烧煤炭产生的污染物包括硫氧化物（主要是二氧化硫）、氮氧化物（主要是二氧化氮或过氧化氮）、一氧化碳、二氧化碳，以及不同粒径的颗粒物，包括可吸入颗粒物（PM10）及可入肺颗粒物（PM2.5）。而生物质成型燃料的原料是典型的可再生能源，转化过程是通过绿色植物的光合作用将二氧化碳和水合成生物质，生物质能源的使用过程又生成二氧化碳和水，经过处理后二氧化碳零排放，绿色低碳。因此，对空气的污染和对人体的损害要比燃煤小得多。

燃煤排放烟尘浓度50 mg/m^3（标准立方米），生物质28 mg/m^3；燃煤排放二氧化硫100 mg/m^3，生物质5~6 mg/m^3；燃煤排放二氧化物200 mg/m^3，生物质110 mg/m^3。而经过处理后，二氧化碳则是零排放。与其他新能源相比，生物质成型燃料具有适应性广、经济性强等优点。它不仅燃烧性能好，热值高，还便于运输和实现自动化控制，可广泛用于中小企业生产、城镇和农村家庭取暖，而价格则相当于燃油的50%，相当于燃气的70%。此外，由于生物质成型技术可以与资源的收集半径相对应，因此生物质成型燃料能实现适度的规模经济，比其他能源转化方式加工成本低、热效率高。

我国拥有丰富的秸秆生物质资源，产业前景广阔，但受当前政策不完善等因素制约，仅在长春、浙江平湖等少数地区开展试点应用。一些业内专家认为，在新一轮能源大战中，生物质成型燃料有望成为我国的优势，政府应加大培育力度，推动其发展壮大。

（三）生物质成型燃料发电技术

生物质成型燃料发电技术是生物质成型燃料技术和生物质发电技术的重要结合，是《中华人民共和国可再生能源法》鼓励发展的方向，也是科技部可再生能源与新能源国际科技合作计划的优先领域。生物质成型燃料可应用于生物质直燃发电、混烧发电和气化发电。生物质成型燃料应用于发电技术，可形成一套集生物质干燥、粉碎及成型于一体的自动化的生物质成型燃料供应系统，保证成套设备运行的稳定性、可靠性和经济性。生产生物质成型燃料的密度、粒度及燃烧特性指标接近煤，对锅炉等燃烧设备、气化炉等气化设备具有较好的适应性；同时，通过建立健全生物质原料的收集、存储及加工体系，形成一套持续稳定的成型燃料生产运作模式，保证生物质发电燃料的稳定供应。

1. 生物质成型燃料直燃发电技术

生物质成型燃料直燃发电主要是指循环流化床燃烧发电，采用生物质成型燃料成型技术及设备，根据生物质成型燃料燃烧特性，在现有小火电厂基础上，对循环流化床锅炉进行技术改造，利用生物质成型燃料替代煤炭燃烧发电。根据生物质成型燃料的燃烧及流化特性，选取适宜的流化床锅炉运行工艺参数，对流化床锅炉进行改造，解决生物质在燃烧时的结渣与碱金属对换热器的腐蚀问题，合理进行一次风与二次风的进风量比例的调整。利用现有燃煤火力发电厂的燃煤发电机组，建设成能利用生物质成型颗粒的燃烧系统，并使该技术工程化、产业化。在我国众多的小型火力发电厂原有设备的基础上，经改进后，使用生物质成型燃料与煤混烧发电，具有投资少和对技术要求不高的特点，同时可解决小型火电厂关停的问题，比较适合我国国情。

2. 生物质成型燃料混烧发电技术

生物质是可再生资源中与煤的理化特性最为接近的一种，因此利用生物质成型燃料与煤进行混烧发电是合理利用生物质资源、减少煤燃烧带来污染的有力措施。生物质成型燃料与煤掺混比例理论上可达到80%，且生物质与煤混合燃烧发电既解决了常规能源的不可再生及短缺问题，又克服了生物质资源季节性变化导致电厂运行不稳定的难题。生物质和煤混合燃烧发电技术经济性较好，规模灵活，可充分利用燃煤电厂的原有设施和系统；根据生物质资源的丰富程度，调整混烧生物质的比例，减少原料供应风险，保证电厂顺利运行，具有较好的发展前景。该技术可用于电厂、工业锅炉等各种利用循环流化床锅炉的行业，与低热值的煤混烧时，锅炉的热利用率与烧煤相比，热利用率可提高10%左右，SO_2的排放量减少50%以上，氮氧化物的排放量减少30%以上。

八、注意事项

生物质成型燃料具有以下几个特点。

（1）具有较高的挥发分含量。农作物秸秆中的挥发分含量一般在76%~86%，其存储了超过2/3的热量，且一般在200 ℃~300 ℃时开始析出。如果此时无法提供足够的助燃空气，则未燃尽的挥发分被气流带出，形成黑烟，传统的燃煤锅炉设计方法和操作规程并不适合于农作物秸秆燃烧场景。

（2）灰分含量高。由于秸秆类生物质中的灰分含量通常较高，因此，颗粒燃料的灰分沉积速度一般大大超过煤的燃烧，有的甚至超出煤炭大约一个数量级。此外，积灰中通常存在大量的KCl等氯化物，也是需要注意的一个问题。

（3）结渣现象严重。在秸秆生长过程中，会吸收一定含量的碱金属元素（包括K、Na、Cl、S、Ca、Si、P等），这些元素以盐或者氧化物的形式存在于生物质机体内部或者灰分等杂质中。当秸秆类生物质固体成型燃料燃烧时达到的温度远远高于灰熔点温度范围，导致炉底的秸秆灰在800℃~900 ℃时就开始软化、温度过高时灰分会全部或者部分发生熔化，导致结渣率较高。试验表明，玉米秸秆颗粒燃料的结渣率在50%以上。这不仅影响了燃烧设备的热性能，甚至会危及燃烧设备的安全。

（4）NO_X排放量较高。生物质燃烧设备产生的NO_X主要源于由燃料中的N元素氧化，既来自气相燃烧，也来自固定碳燃烧过程。在高温等特定条件下，空气中的N元素也可能

生成部分 NO_X。生物质燃烧排放的最主要 NO_X 是 NO，它在大气中会转变为 NO_2。

九、秸秆固化成型燃料开发利用的思考

通过合理的开发，利用能源以及采取多种有效手段，提升对自然资源的保护力度，不仅有助于促进我国的经济水平提高，还有助于促进我国更好的发展，提升核心竞争力。长时间以来，不同国家的政府以及科学人员，对减少资源浪费以及保护自然环境，都做出了巨大的贡献。

（一）存在问题

1. 农民缺乏对秸秆固化成型燃料技术的良好认知

由于我国实际应用秸秆固化成型燃料技术的应用时间较短，且多数区域的农民此前也并未接触，因此，对其相关的理论知识、存在特点以及影响等缺乏基本认知，对相应的推广以及宣传工作，存在较强抵触心理。同时，个别地区政府对秸秆固化成型燃料的推广工作缺乏重视等，宣传工作存在力度较小、范围较窄等特点，无法达到预期的宣传效果。因此，就现如今各农村区域内的农民而言，其无法较为深入地了解以及掌握秸秆固化成型燃料等知识以及特点，严重影响了秸秆固化成型燃料的开发以及利用进程，相关的推广工作始终无法取得实质性进展。

2. 生产以及运行方式缺乏完善性

秸秆主要在农作物收货后形成，具有较强的季节性，且周期较短。就现如今的秸秆收集过程而言，仅依靠相关的企业进行组织，可行性较低，同时，也由于后续的秸秆固化成型燃料开发以及利用工作，不仅涉及秸秆的收集、整理、运输等，也涉及其他多个环节，因此，有必要创设出一套较为完善的服务系统，为后期工作的顺利开展以及实施提供基本保障。

3. 秸秆固化成型燃料有关技术存在缺陷

以某省为例，其所建设的多个示范点中所应用的机械设备种类不同，但价格普遍较高，就相应试点的生产方式而言，其虽然具备一定程度上的合理性，但所使用零件、用具等依旧存在寿命较短、生产效率较低等问题，使得所生产的产品质量难以得到保障。同时，其中适用于秸秆固化燃烧的燃具种类较少、价格昂贵，因此，倘若政府不给予一定程度上的资金支持，相应地区的农民会因无法支付相应用具费用等，对秸秆固化成型燃料的推广产生排斥心理，并对相应推广工作顺利的开展具有不良影响。

（二）具体建议

1. 加大政府支持力度

想要加快秸秆固化成型燃料开发以及利用工程的进程，使得我国的生物质固化成型燃料的生产逐渐趋于标准化以及专业化，提升其市场竞争力，那么我国的有关部门以及人员

等，就需要进行大力度的调查以及研究工作，以便可以在短时间内设计出以我国独有的发展特色为基础的应用设备标准以及使用技术标准等。

对秸秆固化成型燃料进行推广以及利用的工作，不只具有经济性质，也具有一定程度上的公益以及环保性质。因此，我国相关部门在进行具体试点示范工作时，应着重于出台一些具备较高实效性的政策以及方式等。例如，将企业所引进的固化燃料生产设备等的资金作为农业机械购置经费等。

2. 提升对科学技术的重视程度

进行高质量的秸秆固化成型燃料开发工作，离不开对多种新型、现代化技术的合理应用。因此，相关部门应重视实施良好的新型技术创新以及研发工作，并通过积极鼓励有关技术开发项目，为其提供充足的资金支持等方式，加大我国现存农机具研发工作所具有的科学技术含量。同时，应力求所使用的固化燃料生产设施等具有“资金投入较少且实际使用时间较长”等特点。此外，也应重视对多种不同类型的机械设备具有的功能以及使用方式进行具体明晰，有助于对其进行更合理的完善以及更新。应用的固化燃料燃具设备所应具备的特点应包括：第一，日常炊事用具有资金成本较低、操作简单且较为环保等；第二，企业用具应使用安全性较高、环保以及效率高等。

3. 合理扩大宣传力度

为促进秸秆固化成型燃料的应用推广工作质量的提高，相关部门应重视加大所实施宣传工作的范围以及力度，并通过制定具备较高实效性、合理性以及科学性的宣传方案等，力求达到预期的宣传效果。其中，可以应用的宣传方式包括多媒体广告、广播以及宣传画册等。宣传内容应涵盖秸秆固化成型燃料的有关知识以及积极作用等，以有效提升我国国民对该技术作用以及重要意义的认知。此外，地方政府也应适时加大对此项工程的资金支持力度，并通过进行大量高质量的试点示范工作，将各种有效的经验以及教训总结起来，以促进我国农业经济发展以及科学技术水平的提高。

第二节　秸秆炭化技术

一、技术原理与应用

（一）技术简介

秸秆炭化技术是利用专用炭化设备，将农作物秸秆在特定温度和升温速率下热解，进一步加工成为蜂窝煤状、棒状、颗粒状等不同形状的固体成型燃料的技术。该技术能够将农作物秸秆由低品位能源转化为无污染、易贮运的高品位“生物煤”能源，而且秸秆含硫量和灰分都比煤粉低，燃料品质要优于普通煤粉。因此，秸秆炭化是一种农作物秸秆洁净利用技术。秸秆炭化可利用的农作物秸秆种类很多（高粱、玉米、大豆、棉花等），而且来源广泛。

秸秆炭化产物——木炭可以应用到工业、农业等各个领域中去。木炭可以作为表面阻溶剂应用到有色金属的生产过程中，也可以作为炼制铁矿石的原料应用到冶金行业中，还可以用于制造电极、黑火药、润滑剂等。在农业生产中，由于木炭的多孔结构，可以将其混入土壤中提升吸附能力，间接增加土壤肥力。

（二）技术原理

秸秆炭化是一种生物质热解过程。依据热解过程中温度的变化以及生成产物的种类等特征，可将秸秆炭化过程划分为四个阶段。

1. 干燥阶段

干燥阶段的温度一般为 120 ℃～150 ℃。当温度超过 100 ℃时，秸秆中的水分大量蒸发，与秸秆中的化合物结合的聚合水分子会在稍高的温度下蒸发散失。

2. 预炭化阶段

预炭化阶段的温度一般为 150 ℃～275 ℃。在隔绝氧气的条件下，处于这一温度范围时，农作物秸秆中的化学成分开始发生变化，部分半纤维素、木质素等不稳定成分开始分解，生成二氧化碳、一氧化碳以及少量醋酸等。干燥阶段和预炭化阶段都属于吸热反应阶段，需要外界提供热能保证反应进行。

3. 炭化阶段

炭化阶段是秸秆炭化的核心阶段和关键阶段，温度一般为 275 ℃～450 ℃。秸秆在该阶段热解反应剧烈，产生大量甲烷、二氧化碳、一氧化碳、乙酸、焦油等。该阶段属于放热反应阶段，不需要外界提供热量。

4. 煅烧阶段

煅烧阶段的温度一般为 450 ℃～550 ℃，在外界供给热能和内部反应放热的共同作用下，对成型木炭进行煅烧。在该阶段，木炭内部发生变化，孔隙率增多，开始形成多孔介质，表面积开始增大。

二、技术流程

（一）工艺流程

与木材炭化不同，秸秆中纤维素、半纤维素和木质素的结合，是破坏其网状结构后再施加外力强行结合的，这种结合不紧密、无规律性且不牢固。因此，秸秆炭化工艺不完全等同于木材炭化工艺，具有其独特性。秸秆炭化工艺根据炭化和成型的先后顺序可分为先炭化后成型和先成型后炭化两种类型。

1. 先炭化后成型工艺

该工艺的技术流程：原料经粉碎除杂→炭化→黏合剂混合→挤压成型→干燥→包装。其技术原理是先将农作物秸秆炭化成颗粒状炭粉，然后再添加一定量的黏合剂，用压缩成型机将炭粉挤压成一定规格和形状的成型炭。由于在炭化过程中使秸秆原料纤维结构受到破坏，能够改善秸秆的挤压成型特性，使得成型部件的机械磨损和能量消耗降低。但是，该工艺的缺点是秸秆炭块在挤压成型后形状维持能力较差，在贮运和使用过程中容易开裂和破碎，为了解决这一问题，在压缩成型时要加入定量黏合剂。

2. 先成型后炭化工艺

先成型后炭化工艺流程：原料→粉碎干燥→成型→炭化→冷却包装。该工艺的技术原理是先用压缩成型机将松散细碎的农作物秸秆压缩成具有一定密度和形状的燃料块或燃料棒，然后再用炭化炉将燃料块或燃料棒炭化成生物炭。

（二）炭化设备

秸秆炭化工艺最关键的工序是炭化，核心设备是炭化炉，主要有窑式热解炭化炉和固定床式热解炭化炉两种形式。其中窑式热解炭化炉是在传统土窑炭化工艺的基础上研发的新型炭化炉。传统分类上，依据传热方式，可将固定床式炭化设备分为外热式和内燃式两种形式，新型再流通气体加热式热解炭化炉型也属于固定床炭化炉的一种。

1. 窑式热解炭化炉

窑式热解炭化炉主要由密封炉盖、窑式炉膛、底部炉栅、气液冷凝分离及回收装置等几部分组成。该工艺在产炭的同时可以回收热解过程中的气液产物，生产木煤气和木醋液，通过化学方法可将其进一步加工制得乙酸、甲醇、乙酸乙酯、酚类、抗聚剂等化工用品。窑式热解炭化炉炉体多采用低合金碳钢和耐火材料等制成，具有机械化程度高、得炭质量好、适应性强等优点。

敞开式快速热解炭化窑采用上点火式内燃控氧炭化工艺，当炉内温度达到 190 ℃时，在自然环境下进行原料断氧，使窑内多种秸秆原料炭化，同时产生清洁、高热值的可燃气体。

2. 固定床式热解炭化炉

（1）外加热式固定床热解炭化炉。

外加热式固定床热解炭化炉主要由加热炉和热解炉两部分组成。加热炉多采用管式炉，因为管式炉控温方便、精确，可提高秸秆热解转化效率、生物质能源利用率及热解产品质量，但需要消耗其他形式的能源。外加热式固定床热解炭化炉的热量由外及里传递，炉膛温度始终低于炉壁温度，因此，该工艺对炉壁耐热材料的要求较高。

（2）内燃式固定床热解炭化炉。

与外加热式固定床热解炭化炉不同，内燃式炭化炉是集热传导、热对流和热辐射三种传递方式组合在一起的炭化过程。其燃烧方式类似于传统窑式炭化炉，需在炉内点燃秸秆物料，依靠燃料自身燃烧所提供的热量维持热解反应。因此，其热解过程不消耗任何外加热量，反应本身和原料干燥均利用秸秆生物质自身产生的热量，热效率较高，但消耗的秸秆生物质物料量较大，而且为了维持热解所需要的缺氧环境，燃烧不充分，升温速率较慢，热解终温不易控制。

（3）再流通气体加热式固定床热解炭化炉。

再流通气体加热式固定床热解炭化炉是一种新型热解炭化设备，其最主要的特点是高效利用部分秸秆物料自身燃烧产生的燃料气来干燥、热解、炭化其余秸秆物料。炭化炉产生的高温燃气可使温度高达600℃～1000 ℃，能够满足炭化反应的需要。根据气体流向可将炭化炉分为上吸式和下吸式两种类型。

①上吸式固定床炭化炉。

上吸式固定床炭化炉，向下移动的秸秆物料与向上流动的气体逆向接触，秸秆物料被向上流动的热空气烘干和裂解。上吸式固定床炭化炉对物料的湿度和粒度要求不高，能源消耗相对下吸式固定床较少，但对炉体顶部密封性的要求较高。

②下吸式固定床炭化炉。

与上吸式气化炉相比，下吸式固定床炭化炉有三个优点：第一，秸秆气化产生的焦油可以在氧化区被高温裂解，生成气的焦油量较低；第二，裂解后产生的有机蒸气经过高温氧化区，会携带较多的热量，因此，气化室排出气体的温度更高；第三，由于下吸式气化炉在微负压条件下运行，对炉体密封性的要求不高。

三、技术操作要点

对于先成型后炭化工艺，农作物秸秆的粉碎长度≤5 mm，粉碎后的秸秆需要在干燥炉或烘干机里干燥至含水率6%左右。成型机运行参数：成型压力一般为49.0～127.4 MPa，成型温度一般在150℃～300 ℃。秸秆成型固体燃料有颗粒状、棒状、块状等多种形状，棒状/块状燃料常见尺寸一般规格为外径50～60 mm、长度30～50 mm、内径12～15 mm，颗粒状燃料依设备适配规格。秸秆成型后经二次干燥进行预炭化。预炭化技术参数：温度一般在270 ℃左右，时间3.5 h。之后进入煅烧阶段（炭化阶段），技术参数：温度360℃～450 ℃，持续4.0 h左右。然后进入保温阶段，技术参数：温度为450 ℃左右，持续3.0 h。最后为冷却阶段，技术参数：温度由450 ℃降到50 ℃左右，持续12.0 h左右。整个炭化周期因炉型而异，一般为24 h左右。对于先炭化后成型工艺，由于秸秆炭化后的原料在挤压成型后强度较差，贮运和使用过程中容易开裂和破碎，因此，在成型工序中加入一定量的黏合剂来增加其强度、稳定性与密实度。

第三节 秸秆干馏技术

秸秆干馏是指粉碎的秸秆在隔绝空气的情形下发生的限氧自热式热解工艺和热解气体回收工艺，是将秸秆在一个系统上保留一定的干馏时间，转化得到中热值的生成炭、可冷凝液体（木焦油和木醋液的混合物，通过净化分离可得到木焦油、木醋液）、可燃气体产物的过程。

干馏是一种重要的热化学转换过程，既因其是能产生高能量密度产物又因其是气化和燃烧等过程必须经历的步骤，同时热解特性对热化学的反应动力学、相关反应器的设计和产物分布具有决定性作用。通常干馏和气化等方式区分并不严格，但是干馏所需的反应温度比气化低，因为气化目的是最大化气体产物的产量，而干馏更注重炭和液体的生成。因此，秸秆的干馏是秸秆在完全缺氧条件下，或气化不足以在很大程度上发生时的热降解，是为了得到炭、液体和气体产物的热化学过程。

一、秸秆干馏技术的优点

秸秆干馏技术可将秸秆转换成燃气、电能、木炭、焦油、木醋液等多项产品，生物质炭和燃气可作为农户或工业用户的生产生活燃料，焦油和木醋液可深加工为化工产品，实现秸秆资源的高效利用。该项技术适用于小规模、多网点建设、集中深加工的发展方式，有利于居民和企业节约矿物能源，促进多行业、多领域发展，是一个良好的可循环的农业生态模式。

二、秸秆干馏的四个阶段

（一）热解干燥阶段

秸秆刚加热不久，在 150 ℃以下排出水蒸气，物料含水分越多，水蒸气排出持续时间越长，消耗的能源就越多，因为只有把水分蒸干了才能开始热解。蒸发出的水蒸气将进入后续设备，被冷凝到木醋液中，降低木醋液浓度，增加木醋液的回收负荷。在实际生产过程中，一般都安装原料干燥设备，尽量减少热解原料的水分。

（二）预炭化阶段

当原料中的水分被蒸干后，随着温度上升至 150 ℃ ~ 275 ℃，原料中的半纤维素等不稳定成分开始分解，热解气体主要是 CO_2、CO 和少量的醋酸，热解气体热值很低。以上两个阶段都是吸热反应，都需要加热。

（三）热解炭化阶段

当温度继续上升，超过 275 ℃时，原料开始加快分解，随着温度的提高，分解速度加快，生成大量分解物，如甲烷、乙烷、乙烯、醋酸、甲醇、丙醇、木焦油等，由于生物质中含有氧元素，氧参与反应释放热量，这一阶段是放热反应，无需外界额外供热。秸秆干馏热解的主要产物都是在这个阶段生成的，特别是木醋液、木焦油，几乎全部都是在这个阶段形成的。如果目标是生产炭为主，这时即可停止加热，得到的产物为炭、木焦油、木醋液，每吨原料可产炭 330~400 kg。因为产品炭中残留未分解挥发分，而木煤气产量很低，热值有限，一般在 12 560 kJ/m^3（3000 kcal/m^3）左右。

（四）煅烧阶段

生产的目标是得到高质量、气量和高热值的木煤气，煅烧温度就要增 500 ℃，甚至 600 ℃、700 ℃，乃至 1 000 ℃以上，使热解过程持续进行=。煅烧阶段随着温度的升高，木煤气的产量和热值大大提高，木煤气的主要成分是 CH_4 和 H_2。在 1 000 ℃下热解，木煤气的热值可达 25 121 kJ/m^3（6 000 kcal/m^3）。煅烧阶段不再产生木醋液和焦油，木炭的产量也大大下降（220~230 kg/每吨原料）。

三、秸秆干馏工艺流程

（一）备料

备料包括粉碎、干燥和成型等工序。秸秆经风干并除去杂物，在含水率低于 15%的时候，经干燥粉碎将秸秆用打包机压成包块。这一过程属于季节性生产，在每年 11 月份开始，次年 6 月份结束，原料以秸秆、果树枝为主，其中玉米秸秆占大部分。压缩成包后的秸秆比重加大，可在料场堆放备用。

（二）制气

将成型秸秆装入热解炉底部，用回炉煤气对热解炉底部加热，一段时间后，原料被加热到 450 ℃，保持一定干馏时间，即可热解出可燃气。由热解炉出来的可燃气进入焦油初分离器，然后进入冷却分离器除去冷凝液，再进入中和净化器，除去燃气中的醋酸等酸性物质。除酸后的燃气经罗茨鼓风机加压后经除焦油器被送入储气柜中，再经燃气输配系统送到用户，净化燃气约占原料重量的 30%。热解完毕将干馏好的木质炭推入熄炭箱中，用水将炽热的炭熄灭成炭粉，可作为商品炭粉出售。

（三）燃气净化

由热解炉产出的燃气经过冷却、回收化工产品并脱除有害杂质后，方可保障品质、投入使用。

四、秸秆干馏热解的产物

秸秆热解于隔绝空气的状态下进行，1 t 含水率低于 8%的秸秆可产可燃气 280~300

m^3，热值在 18 841~20 097 kJ/m^3（4 500~4 800 kcal/m^3），同时可产木质炭 300~330 kg、木焦油 40~60 kg、木醋液 240~260 kg。

（一）可燃气

秸秆被热分解成的分子量在 50 以下小分子物质，在常温下呈气态，产出的燃气以烷类为主，热值较高，主要成分为甲烷、乙烷、丙烯、一氧化碳、氢气、二氧化碳、乙烯、乙炔、丙烷、丁烯等可燃物，组成木煤气。不含硫化氢、氨和萘，热值大于 14.7 MJ/m^3（3500 kcal/m^3）。在热解温度低时，以一氧化碳、二氧化碳为主；在 320℃~360 ℃热解，甲烷、一氧化碳增加；在 400 ℃以上热解，主要是甲烷、乙烯、丙烯、丁烯、乙炔等，这时的木煤气热值最高；450 ℃以上，氢气产量增加。木煤气中不含硫化氢、氨和萘，其各种杂质指标均优于城市煤气，焦油量小于 10 mg/L，符合城市煤气规定的要求，长时间使用也不会造成管道堵塞，既可用作居民生活燃气，也可用作电子、玻璃制品的热加工燃料。

（二）木质炭

保持 6~8 h 的干馏时间，制气完毕，热解炉自然冷却后，最后残留在热解炉中的固定物就是干馏好的木质炭，一般占原料重量的 1/3 左右，灰分小于 10%，热值为 29 308 kJ/kg（7 000 kcal/kg）上下，碳含量在 76%~84%。木质炭的产量与原料有关，更与干馏温度有关。温度越高，热解消耗用去的炭就越多，因而炭产量就越低。如对玉米秸秆干馏时，温度 350 ℃时，产炭 302 kg，450 ℃时产炭 290 kg，1 200 ℃时产炭 180 kg。但是木质炭主要以碳（C）元素为主，干馏温度越高，碳元素含量就越高，热值就越高。在 450 ℃干馏温度下得到的炭，碳含量在 81%~83%，在 1 500 ℃干馏温度下得到的炭，碳含量达 95%。含 81%~83%碳的炭，发热值约 29 308 kJ/kg（7 000 kcal/kg），纯碳的发热值为 33 913 kJ/kg（8 100 kcal/kg）。所以在实际的生产中掌握好热解的温度，使木质炭的产量和热值达到最优至关重要。

秸秆中含的全部无机元素，如钙、镁、锰、锌、铁、铜、镍、硅、钾、钠等，干馏后集中到炭产品中，炭的灰分多少，取决于秸秆原料的灰分的多少，像稻草、树皮、马铃薯秸秆灰分高，干馏出炭的灰分也就高。秸秆固化块产生的炭为块状定型炭，木屑或秸秆屑、稻壳产生的炭为散状不定型炭，也称炭粉、粉炭等。与煤焦炭相比，秸秆炭的灰分很低，煤焦炭灰分一般在 15%~20%，而生物质炭灰分一般低于 10%。

木质炭主要作为燃料炭，因不含致癌物质，特别适合熏烤食物；可用于冶金还原物和渗碳剂；因杂质低，特别适用于有色冶金业；可作为水处理剂，吸附水中杂质；可作为废气吸附剂，用于环保工业；可以制作各种类型的活性炭；可作为松散剂，改良土壤；可以代替炭黑作为各种添加剂。此外，木质炭也可与氮肥混合使用作为缓释化肥，每 50 kg 氮肥掺进 10%的木质炭，可节省 50%的化肥，且产量可提高 15%~20%。

（三）木焦油

焦油随气体进入初分离器及冷却分离器，分离出的冷凝液流到焦油、醋液分离槽，分离出来的木焦油约占原料重量的10%。木焦油优于煤焦油，是生产油漆的原料，也是橡胶生产业的添加剂，还可作为抗凝剂、防腐剂、黏合剂等。

（四）木醋液

秸秆热解分离出的木醋液约占原料重量的30%，成分有乙酸、乙醛、甲醇、丙酮、甲酯等，可提纯醋酸，用于食品和有机合成工业；可制造醋酸钙、醋酸钠，用于染织工业等。该产品稀释500~5000倍，可做无毒杀虫剂。

参考文献

[1] 张中，杨厚安. 秸秆综合利用配套技术手册［M］. 西安：陕西科学技术出版社，2021.
[2] 谢光辉，王晓玉，包维卿. 中国废弃生物质能源化利用碳减排潜力与管理政策［M］. 北京：中国农业大学出版社有限公司，2021.
[3] 尹冬雪，刘伟. 沼气工程与生物质能源开发［M］. 北京：中国原子能出版传媒有限公司，2021.
[4] 赵鹏. 农业资源利用与环境保护［M］. 北京：中国农业出版社，2021.
[5] 陈永生，吴爱兵. 农业废弃物肥料化利用范例和装备选型［M］. 北京：中国农业出版社，2021.
[6] 王梦芝，高健. 农作副产物高效饲料化利用技术［M］. 北京：中国农业科学技术出版社，2021.
[7] 冯东河，郭同军，桑断疾. 棉副产品饲料化利用技术实用手册［M］. 北京：中国农业科学技术出版社，2021.
[8] 王久臣，宝哲，王飞，等. 农业生态环境保护系列丛书 农业废弃物处理利用技术概要及典型模式［M］. 北京：中国农业出版社，2021.
[9] 刘银. 资源循环实验方法［M］. 合肥：中国科学技术大学出版社，2020.
[10] 杨治广. 固体废物处理与处置［M］. 上海：复旦大学出版社，2020.
[11] 姚宇，周兴顺. 高速公路品质工程设计技术集成［M］. 南京：河海大学出版社，2020.
[12] 顾艺. 基于再生资源秸秆的创新利用研究［M］. 上海：同济大学出版社，2020.
[13] 马金霞，关金菊，刘芳珍. 秸秆综合利用技术［M］. 北京：中国农业科学技术出版社，2020.
[14] 刘崇. 生土和秸秆建筑的研究与创作［M］. 北京：中国建筑工业出版社，2020.
[15] 王永立，王志龙，刘峰. 秸秆综合利用与政策解读［M］. 北京：中国农业科学技术出版社，2020.
[16] 邓玉营. 秸秆共接种厌氧发酵技术［M］. 北京：化学工业出版社，2020.

［17］常志州．区域稻麦秸秆全量利用理论、技术与实践［M］．北京：科学出版社，2020.
［18］刁其玉．农作物秸秆养羊［M］．北京：化学工业出版社，2019.
［19］赵立欣，姚宗路．秸秆清洁供暖技术［M］．北京：中国农业出版社，2019.
［20］冯桂真，孙哲．秸秆综合利用［M］．北京：中国农业出版社，2019.
［21］毕于运，王亚静．秸秆综合利用政策解读［M］．北京：中国农业出版社，2019.
［22］熊波，张莉．农作物秸秆综合利用技术及设备［M］．北京：中国农业科学技术出版社，2019.
［23］赵丽霞，杨诺君．烘焙玉米秸秆燃烧特性基础研究［M］．北京：中国石化出版社，2019.
［24］胡婵娟．秸秆资源化利用理论与实践［M］．北京：中国农业科学技术出版社，2019.
［25］刘涛，刘静，吴振美．农作物秸秆与畜禽粪污资源化综合利用技术［M］．北京：中国农业科学技术出版社，2019.
［26］谢立勇．农业自然资源导论［M］．北京：中国农业大学出版社，2019.
［27］王文月，葛立群．农业农村现代化与产业科技创新研究［M］．北京：科学技术文献出版社，2019.
［28］甄广印．农村生物质综合处理与资源化利用技术［M］．北京：冶金工业出版社，2019.
［29］廖飞，黄志强．现代农业生产经营［M］．石家庄：河北科学技术出版社，2019.
［30］王宾，于法稳．“文化创意+”生态环境产业融合发展［M］．北京：知识产权出版社，2019.
［31］潘卫国，陶邦彦，吴江．清洁能源技术及应用［M］．上海：上海交通大学出版社，2019.
［32］邓彤．新能源技术发展与第四次产业革命［M］．北京：中国经济出版社，2019.
［33］齐立强，李晶欣．发电厂动力与环保［M］．北京：冶金工业出版社，2019.
［34］梁文俊，刘佳，刘春敬，等．废物资源综合利用技术丛书 农作物秸秆处理处置与资源化［M］．北京：化学工业出版社，2018.
［35］常文韬，袁敏，闫佩．农业废弃物资源化利用技术示范与减排效应分析［M］．天津：天津大学出版社，2018.
［36］梁继东．西安交通大学“十三五”规划教材 固体废物处理、处置与资源化实验

教程［M］．西安：西安交通大学出版社，2018.
［37］刘丽莉．秸秆综合利用技术［M］．北京：化学工业出版社，2018.
［38］顾艺．秸秆造物的艺术［M］．上海：同济大学出版社，2018.
［39］佘玮．秸秆综合利用技术［M］．长沙：湖南科学技术出版社，2018.
［40］石祖梁．秸秆综合利用技术手册［M］．北京：中国农业出版社，2018.
［41］王亚静，王红彦，毕于运．农作物秸秆肥料化利用技术［M］．北京：中国农业出版社，2018.
［42］石祖梁，王飞．县域秸秆综合利用模式［M］．北京：中国农业出版社，2018.

图书在版编目（CIP）数据

秸秆能源化利用技术探索 / 李树峰，敬然，赵浏洋编著. -- 湘潭 : 湘潭大学出版社，2023.3
ISBN 978-7-5687-1074-9

Ⅰ. ①秸… Ⅱ. ①李… ②敬… ③赵… Ⅲ. ①秸秆—综合利用—研究 Ⅳ. ① S38

中国国家版本馆 CIP 数据核字（2023）第 070259 号

秸秆能源化利用技术探索

JIEGAN NENGYUANHUA LIYONG JISHU TANSUO

李树峰 敬然 赵浏洋 编著

策划编辑： 丁立松
责任编辑： 丁立松
封面设计： 万典文化
出版发行： 湘潭大学出版社
社　　址： 湖南省湘潭大学工程训练大楼
电　　话： 0731-58298960 0731-58298966（传真）
邮　　编： 411105
网　　址： http://press.xtu.edu.cn/
印　　刷： 长沙创峰印务有限公司
经　　销： 湖南省新华书店
开　　本： 787 mm×1092 mm 1/16
印　　张： 10.5
字　　数： 236 千字
版　　次： 2023 年 3 月第 1 版
印　　次： 2023 年 3 月第 1 次印刷
书　　号： ISBN 978-7-5687-1074-9
定　　价： 48.00 元